故宮裏的

MONSTERS IN THE
FORBIDDEN CITY

大怪獸

7 大明星騶虞

常怡 ✹ 著

中 華 教 育

故宮裏的大怪獸 ❼
❀ 大明星驕虞 ❀

常怡／著
麼麼鹿／繪

責任編輯　梁潔瑩
裝幀設計　陳淑娟
排　版　池嘉慧
地圖繪製　蔣和平　池嘉慧
印　務　劉漢舉

出版　**中華教育**

香港北角英皇道四九九號北角工業大廈一樓B
電話：（852）2137 2338
傳真：（852）2713 8202
電子郵件：info@chunghwabook.com.hk
網址：http://www.chunghwabook.com.hk

發行　**香港聯合書刊物流有限公司**

香港新界大埔汀麗路三十六號
中華商務印刷大廈三字樓
電話：（852）2150 2100
傳真：（852）2407 3062
電子郵件：info@suplogistics.com.hk

印刷　**美雅印刷製本有限公司**

香港觀塘榮業街六號海濱工業大廈四樓A室

版次　**2020年9月第1版第1次印刷**
　　　©2020 中華教育

規格　**32開（210mm×153mm）**

ISBN　**978-988-8676-49-1**

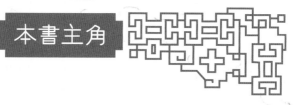

李小雨

因為媽媽是故宮文物庫房的保管員,所以她可以自由進出故宮。意外撿到一枚神奇的寶石耳環後,發現自己竟聽得懂故宮裏的神獸和動物講話,與怪獸們經歷了一場場奇幻冒險之旅。

梨花

故宮裏的一隻漂亮野貓,是古代妃子養的「宮貓」後代,有貴族血統。她是李小雨最好的朋友。同時她也是故宮暢銷報紙《故宮怪獸談》的主編,八卦程度讓怪獸們頭疼。

楊永樂

夢想是成為偉大的薩滿巫師。因為父母離婚而被舅舅領養。舅舅是故宮失物認領處的管理員。他也常在故宮裏閒逛,與殿神們關係不錯,後來與李小雨成為好朋友。

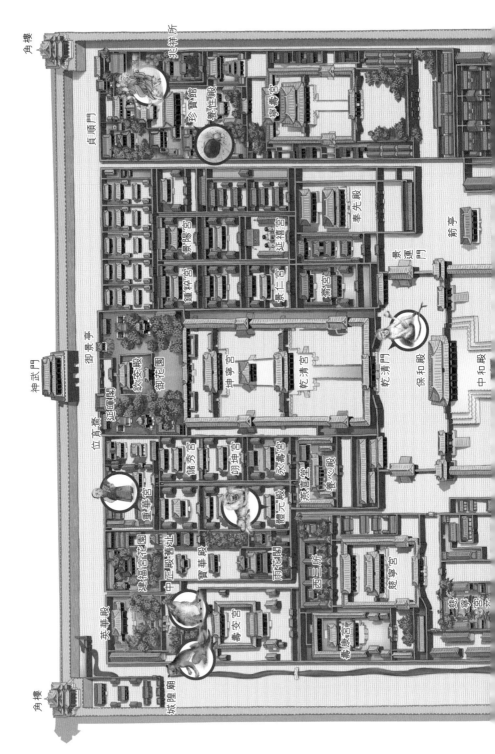

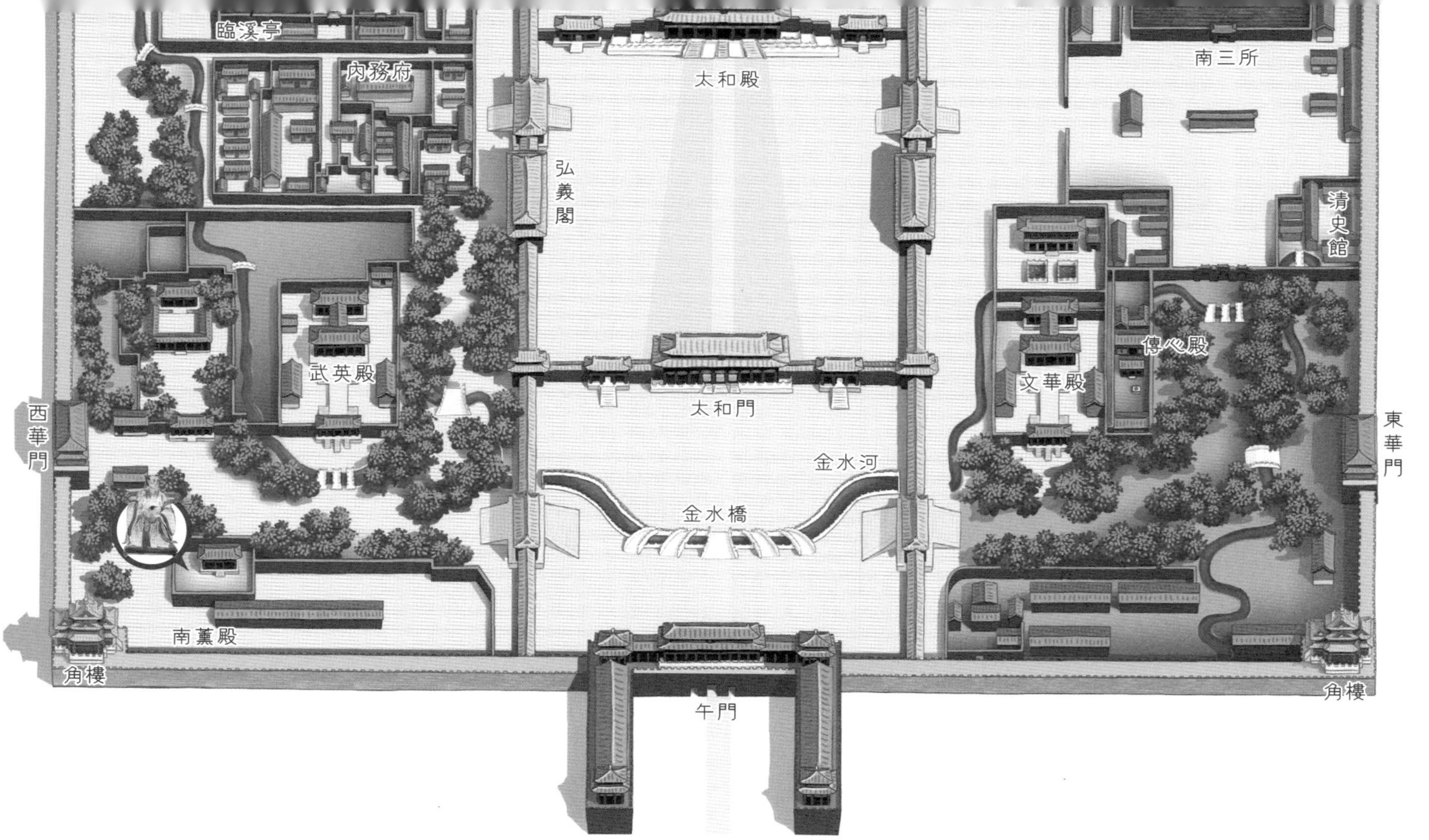

故宮怪獸地圖

東華門

角樓

清史館

南三所

得心殿

交華殿

金水河

太和殿

太和門

金水橋

弘義閣

午門

內務府

臨溪亭

武英殿

南薰殿

西華門

角樓

角色檔案

文文

和野貓差不多大的怪獸。他身披灰色皮毛，腰細似蜂腰，尾巴分叉，如同兩根長刺。他還長着倒轉的舌頭，喜歡尖叫。二百多年前，《獸譜》撰寫完成後，宮廷裏的高僧用文文的卵封印《獸譜》。

類

因為外表有點像貓，所以又叫靈貓。他長相可愛，身上有黑色的斑紋，頭上的毛髮較長。類是雌雄同體的怪獸，遇到風會自我繁殖。

角色檔案

狪狪

長得像黑色野豬的怪獸，是古老的智慧型生物。天生身體笨重，因肚子裏有一顆人見人愛的寶珠，常年被人類追殺，是怪獸中的「倒霉蛋」。

果然

性格温柔的怪獸，長着狗頭，鼻孔朝天，面頰上有黑色的斑紋。尾巴很長，末端有分叉，白底黑紋的皮毛非常光滑，跑動速度快如閃電，喜歡羣居。如果一個果然陷入危險，所有同伴都會去救他，果然被人類認為是「仁獸」。

角色檔案

張永清

乾隆皇帝親自封賞的樂善堂神童。他五歲時就可以一字不落地背誦乾隆創作的《樂善堂全集》，並能對書中的文章一一講解。

騶虞

因為參演荷里活電影而一舉成名的怪獸明星。他渾身雪白，形似老虎，身上長有黑色斑紋，尾巴特別長。

角色檔案

眼光娘娘

也叫眼光明目元君，是負責醫治眼病的女神仙，因為沒人祭拜而迅速衰老，直到遇到了李小雨才恢復青春。

蛛大人

金絲鑲珍珠寶石蛛網形別針上的蜘蛛。他的身體是巨大的紅寶石，眼睛是奶白色的珍珠。他率領故宮裏的蜘蛛們綁架了李小雨和楊永樂，目的居然是成為故宮的主人。

目　錄

1
怪獸書的封印

「快看！那裏有光！」

我順着楊永樂手指的方向望過去。真的！壽安宮的窗戶裏，透出橘黃色的光亮。

「誰會在那兒？」我往後退了幾步，「圖書館下午五點鐘就鎖大門了。」

「難道有小偷？」楊永樂小聲說。

我的心一下子提到了嗓子眼：「我們要不要報警？」

「等我過去看看再做決定。」他攔住我說，「萬一是哪個研究員來這裏加班查資料，報警不就鬧笑話了嗎？」

我一把拽住他的袖子：「別去，危險！」

他笑了：「沒事，我們連怪獸都不怕，還能怕小偷？」

楊永樂小心翼翼地湊到壽安宮的窗口，早就忘了我們來這裏是要去後院幫我媽媽取自行車的。

壽安宮在明、清時期是皇太后住的宮殿，乾隆皇帝的母親就曾經在這裏生活。但是，從我三歲時第一次跟着在故宮工作的媽媽進入故宮起，這裏就是故宮博物院的圖書館，裏面收藏着最珍貴的皇家書籍，到今天也沒變過。

難道，這個小偷是偷書賊？

透過紅色的格子窗，我們找到了光亮的來源：兩個金色的亮點飄飄忽忽地浮在半空中，發出有些刺眼的光芒，那光一看就知道不是電燈或者手電筒發出的。

我眨了眨眼睛：「難道是怪獸？」

「故宮裏哪有像燈泡的怪獸？」

我聳聳肩：「我們沒見過的怪獸多着呢。」

「走，進去看看！」

沒等我同意，楊永樂已經用他舅舅的員工卡，在大門的門禁處「滴」地刷了一下。

「如果明天有圖書管理員發現你的刷卡記錄，我保證你舅舅會把你的屁股揍開花。」我小聲警告他。

楊永樂卻一點都不擔心：「只要不碰壞東西，就不會有人去查刷卡記錄。」

我們輕手輕腳地走進壽安宮。高大的宮殿裏整齊地擺放着一排排書架，書架上的古籍散發着淡淡的墨香。在一張長條形的閱讀桌中間，擺放着一摞厚厚的書。那兩個亮點就飄浮在半空中，不停地圍着這摞書打轉。安靜的宮殿裏，回響着奇怪的「咕嚕、咕嚕」聲。

等我們稍微走近些，不禁被眼前的東西嚇了一跳。

一個野貓大小的怪獸正站在閱讀桌上。他身披灰色皮毛，腰細得像蜂腰，眼睛比高瓦數的燈泡還要亮，嘴裏吐出的舌頭好像被裝反了。最可怕的是，那個怪獸的屁股後面拖着兩條又尖又硬的尾巴——不，那應該不是尾巴，而是兩根巨大的長刺。

「我的天啊……」我忍不住打了個冷戰。要是被這麼長的刺蜇一下，肯定沒命了。

楊永樂比我還害怕，他一個跨步就躲到了我身後。

「你怕他？」我有點意外。

「不是怕，是討厭。」他啞着嗓子說，「我最討厭屁股上長刺的傢伙了！你小時候要是被蜜蜂蜇過，你也會討厭的。」

「現在怎麼辦？」我問。

「你去和他打聲招呼，也許他不會拿屁股上的刺亂扎人，他看起來挺……善良。」楊永樂一邊說，一邊輕輕推

了推我的後背。

我看了看那個像大貓一樣的怪獸，使勁搖着頭說：「你在開玩笑嗎？我才不要過去送死。」

就在這時候，怪獸電燈泡似的眼睛朝我們這邊看來。

「糟糕！他發現我們了。都怪你的聲音太大了！」楊永樂叫道。

我往後退了一步，想讓楊永樂擋在我前面，但沒能成功。他比我速度快，力氣也比我大。

怪獸一瞬間就「跳」到了我面前。他跳動的姿勢很奇怪，不像怪獸也不像貓，而是像一種昆蟲──螞蚱。

他的眼睛發出的光亮太刺眼了，我只能瞇起眼睛，揮了下手：「我……嘿，你好！」

奇怪的是，怪獸似乎被這突如其來的舉動嚇了一大跳，嘴裏發出尖利的呼叫聲：「嗚──」

我身後的楊永樂抖得更厲害了，他半蹲在我身後，抱着腦袋高聲喊着：「你……你……不要刺我……我……我……」

「不要過來，你不要過來！」我也嚇壞了，胡亂揮舞着手臂。

但我很快就發現，怪獸正朝着與我們相反的方向跳去，他好像比我們還害怕，兩根長刺一樣的尾巴緊緊地貼

着肚皮。

直到他跳出了壽安宮，楊永樂才從我身後鑽出來。

「你怎麼把他轟走的？」他問我。

我愣在那裏：「我不知道，我甚麼也沒做。」

「沒關係，這不重要，只要他離開了就行！」楊永樂艱難地從地上爬了起來，「太可怕了！故宮裏居然有長着刺的怪獸。」

我皺起眉頭：「他為甚麼會出現在圖書館？這裏除了書甚麼都沒有。」

我看着閱讀桌上的書，六本厚厚的書被擺得高高的，其中每本書都比我的語文課本還要大。

「難道……他喜歡吃書？」楊永樂猜測，他打開手電筒，查看書的封皮有沒有被咬過的痕跡。緊接着，他像觸電似的僵在那裏，大叫：「我的天啊！小雨，你猜這些是甚麼書？」

我探過頭：「甚麼書？」

楊永樂激動得大叫：「居然是《獸譜》啊！清宮《獸譜》！」

「哇！」我也興奮起來。

只要是熟悉故宮的人，誰不知道清宮《獸譜》呢？它堪稱清朝動物及怪獸的大百科全書，裏面收錄了一百八十

種瑞獸、異獸、神獸以及各種普通動物。最為珍貴的是，乾隆年間最棒的宮廷畫家余省、張為邦為每種神獸和動物都繪製了漂亮的彩色插圖。這在中國的古籍中是絕無僅有的。

我和楊永樂都看過《獸譜》的複製版，但從沒想過有一天能看到原版《獸譜》，那可是故宮圖書館裏最貴重的文物！

「我們能碰嗎？」我小心翼翼地問楊永樂。

「這裏有白手套，應該是研究人員留下的。」楊永樂戴上雪白的手套，輕輕翻開《獸譜》的第一頁。就在這時，我們身後突然又傳來刺耳的「嗚嗚」聲。我們猛地回頭才發現，剛才那個怪獸居然正在玻璃窗外用驚恐的眼神看着我們，他不停地用前爪敲打着玻璃，嘴裏發出的尖叫聲就像救護車的警報器在鳴叫。

「他還⋯⋯還沒走？」楊永樂吃了一驚。

「現在走了。」我回答。

怪獸在發完警報聲後，就頭也不回地消失在黑夜裏。

「他不會是想告訴我們甚麼吧？」我嘟囔道。

「不知道。」楊永樂聳聳肩，「如果我們都沒法和他交流，恐怕怪獸和神仙也沒辦法知道他在叫喚甚麼。」

在確認怪獸已經消失得毫無蹤影後，我們回過頭來注

視着眼前的《獸譜》。

　　看到第一頁，楊永樂不禁冷笑了一聲：「乾隆不愧為最喜歡蓋章的皇帝，連這本書都不放過。」

　　我也笑了。我們根本看不清書頁上畫了甚麼，因為這一整頁都已經被「乾隆鑒賞」「乾隆御覽之寶」「三希堂精鑒璽」等大大小小的紅色印章蓋滿了。

　　「這是甚麼？」我指着印章中間的一個乳白色的小圓點，問道。

　　「不知道。」楊永樂搖搖頭，他輕輕摸了摸那個小圓點，「也許是不小心蹭上的白顏料。」

　　「誰會那麼不小心？」

　　我還沒問完，令人吃驚的事情就發生了。

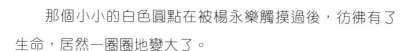

那個小小的白色圓點在被楊永樂觸摸過後，彷彿有了生命，居然一圈圈地變大了。

「這是怎麼回事？」我捂住嘴。

「我怎麼知道？」楊永樂也滿臉驚奇。

不一會兒，白色的小點就變成了一顆乳白色的寶珠，慢慢浮到了半空中。它像一顆巨大的、半透明的珍珠，中心還有甚麼東西像火焰般閃耀。

「它真美！」我低聲讚歎。

「我從來沒見過這樣的東西。」楊永樂瞪大了眼睛，深吸了一口氣說，「那個怪獸一定是在守護它，而不是這些書。」

「難怪他不想讓我們碰這些書。」我目眩神迷地說，「換作我也會這麼做。它一定是個寶貝！」

「不知道握在手裏是甚麼感覺？」楊永樂把手伸向寶珠。

但我比他快了一步。

「小心點！也許有毒或者有放射性。」他不高興地提醒我。

我沒理他。寶珠在我的手中微微發熱，它是那麼光滑，似乎還有彈性。我把它舉到手電筒的光線下仔細查看：寶珠是半透明的，其中心似乎有乳白色的火焰，火焰

中有一團模糊的影子在緩慢地跳動，而光芒也隨着影子的跳動忽明忽暗，彷彿被賦予了生命。

「給我摸摸！」楊永樂想從我手裏把寶珠搶走。我巧妙地繞開了，把手收回到胸前：「我還沒看完呢！從不同的角度看它，看到的顏色居然不一樣……」

正說着，我聽到「噗」的一聲，緊接着我的手心被燙得發疼。我低頭一看，白色的寶珠消失了，我手裏只剩下了一團黏糊糊的液體。

「你……把它弄破了！」楊永樂大叫。

「不，不，我甚麼也沒做。」我被嚇壞了。

「是你把它弄破的。我親眼看到的，那珠子像氣球一樣破了。」楊永樂歎了口氣說，「我想應該是你胸前的洞光寶石耳環惹的禍，它把那珠子硌破了。」

「哦，不！」我沮喪地看着掛在胸前的洞光寶石耳環，又看看手裏膠水般的液體，「我不知道它那麼容易破。」

「真可惜！我們還不知道它是甚麼東西呢。」楊永樂說，「不過還好，它沒有弄髒《獸譜》，否則我們就慘了。」

我擔心地問：「那個怪獸會不會來找我算賬？」

「我覺得不會，他雖然長得可怕，但好像挺怕人的。」楊永樂拍了拍我的肩膀說，「在闖下更大的禍之前，我們趕快離開吧！你媽媽還等着用自行車呢。」

於是，我們把《獸譜》恢復原樣，輕手輕腳地離開了圖書館。

　　第二天，我在學校裏一直提心吊膽的，生怕有人發現了我和楊永樂去過圖書館，還翻看了《獸譜》。但放學後我回到故宮，並沒人提起這件事。媽媽像平時一樣催我吃飯、寫作業，我漸漸放下心來。

　　就在我準備上牀睡覺的時候，野貓梨花突然神不知鬼不覺地出現在媽媽的辦公桌上。

　　「你怎麼進來的？」我被她嚇了一跳。

　　梨花沒有回答我的問題，她瞇起眼睛看着我：「你今天晚上住在這兒？喵——」

　　「是啊，我媽媽這個星期都要在故宮裏加班。」

　　我爬上牀，把枕頭擺在一個讓我覺得舒服的位置。

　　「那也就是說，你昨天晚上也住在這兒？喵——」

　　「你還問我？你昨天晚餐難道沒吃我帶去的金槍魚罐頭嗎？」我反問道。

　　「喵——我當然記得，我懷疑那罐頭過期了，反正我前半夜都在拉肚子。你下次買罐頭的時候能不能看看保質期⋯⋯」梨花「喵喵」地嘮叨着，但突然，她像想起來了甚麼，「你別打岔，我不是為罐頭來的。喵——」

　　「那你為甚麼來的？」我好奇地問。

「喵——你昨天晚上是不是去過壽安宮？」她問。

「你怎麼知道？」我有點吃驚，但轉念一想，故宮是野貓們的地盤，很可能是哪隻野貓或多嘴的麻雀看見我進了壽安宮，「對，我昨天晚上去壽安宮後院幫我媽媽取自行車，楊永樂和我一起去的。」

「你們只是取自行車嗎？喵——」梨花的口氣有點奇怪。

我開始緊張了，難道這隻「八卦貓」聽說了甚麼？「哦……也不是，我們……還去圖書館看了看。」我敷衍道。

「喵——好吧。」梨花的表情變得嚴肅起來，「小雨，我們別繞彎子了！你和楊永樂闖了大禍！」

「闖禍？甚麼意思？」我的後背一下子挺直了。

「雖然我不知道你們怎麼做到的，但是你們破壞了《獸譜》的封印。喵——」

「《獸譜》的封印？不、不可能啊！我們沒有弄壞《獸譜》。」我緊張得直冒汗，「甚麼叫封印？」

「說來話長，喵——」梨花跳下桌子，扭頭對我說，「和我一起去見斗牛吧，他會把一切解釋給你聽。」

這是個沒有月亮的夜晚，墨色的雲遮住了一切光亮。即便有路燈，故宮也顯得比往常更加陰沉。高大宮牆的黑影中，偶爾會傳來一些不可思議的聲音，不是貓叫，也不

是鳥叫。

「喵——感覺有點怪怪的吧？」走在前面的梨花似乎知道我在想甚麼。

「是啊，為甚麼呢？」我緊跟幾步，和她並排走。

「哼！以後故宮裏會越來越怪的，喵——」梨花沒好氣地說。

我有點納悶，這隻野貓今天怎麼這麼大脾氣？

「斗牛在哪兒等我們？」我問。

「到了！就在這兒，喵——」梨花邁進一座高大的宮門。

「這兒？」我不禁吃了一驚，這兒不就是壽安宮嗎？

昏暗的路燈下，斗牛和楊永樂站在寬敞的前院裏，小聲交談着甚麼。楊永樂看起來都快哭了。

「小雨，你闖大禍了！」他哭喪着臉對我說。

「謝謝你告訴我。」我撇撇嘴，「我知道自己不小心破壞了《獸譜》的封印，可我連封印是甚麼都不知道。」

「讓我來解釋。」斗牛邁着牛蹄走到我面前說，「封印是用一些具有法力的寶物，來讓一些擁有強大魔力的東西無法正常發揮它們的本領。比如，《獸譜》的封印是為了讓書中強大的怪獸們可以乖乖待在書裏，不跑出來惹禍。」

聽了這個解釋，我的心猛地往下一沉：「你的意思是，

如果《獸譜》的封印被破壞，書裏的怪獸們就能跑出來了嗎？」

「是的！」楊永樂大聲說，「那顆珠子——你弄破的寶珠，就是《獸譜》的封印。這下可好，故宮馬上就要變成怪獸夜行樂園了！」

「可我怎麼知道那顆珠子就是封印？」我委屈極了，「而且，封印難道不該用結實點的東西嗎？那顆珠子一碰就破了。」

「那不是珠子。」斗牛搖了搖頭說，「那是文文的卵。」

「甚麼的卵？」我沒聽懂。

梨花在一旁像解說員一樣開口了：「文文，一種怪獸。一般生活在皋山中，體形和我差不多，灰色毛髮，腰細似蜂腰，尾巴分叉，如同兩根長刺，還長着倒轉的舌頭，喜歡尖叫。清朝的人們最初在撰寫《獸譜》的時候，並沒有把這種怪獸收錄進去。喵——」她眨了眨眼睛接着說，「《獸譜》撰寫完成後，宮廷裏的一位高僧發現了其蘊含的強大力量，於是他向乾隆皇帝建議，將文文收進《獸譜》，並用文文的卵做它的封印。」

「等等！你說那個怪獸會產卵？他又不是蟲子！」

「並不是只有蟲子才會產卵。喵——」梨花甩了下尾巴，「看來你還不是很了解怪獸，大多數怪獸都是很複雜的

生物。」

斗牛接過話說：「文文這個怪獸雖然沒甚麼厲害的法力，但他天生就有一種本領，那就是任何法力在他身上都會失靈。所以，很多巫師、道士和僧人都喜歡用他的卵來作為封印。他的卵也不是你想像得那麼脆弱，如果不是用洞光寶石，你拿錘子砸也砸不破。」

「我實在搞不懂你們人類。」梨花搖着頭說，「你拿人家的卵幹甚麼呢？喵——人類的好奇心只會製造麻煩，一點用都沒有。」

「所以，弄破了文文的卵就意味着……我弄死了他的孩子嗎？天啊，他一定恨死我了。」我捂住臉，懊悔極了。

「文文的卵並不是他的孩子……這個以後再解釋。文文是很溫柔也很寬容的怪獸」斗牛安慰我說，「現在需要擔心的不是他，而是書裏面的其他怪獸。他們中有不少容易惹麻煩的傢伙，要是都跑出來可真夠我們受的。」斗牛倒吸了一口冷氣。

「那現在怎麼辦？」楊永樂着急地問。

「找到文文，並讓他再產下一顆卵來做《獸譜》的封印。」斗牛說，「不過，這並不容易，文文天生就是隱藏自己的高手。我已經發動了故宮裏的所有野貓、老鼠、麻雀、刺蝟……甚至警犬找尋他，不過仍然沒有線索。」

「可能是因為，作為怪獸來說，他的個頭太小。」我猜。

「他也可能偽裝成了野貓，喵──」梨花說。

「也許吧。」斗牛深深歎了口氣說，「最糟糕的是我發現了這個……你們跟我來。」

我、楊永樂和梨花跟在斗牛身後，走到壽安宮的大門前。斗牛跺了兩下牛蹄，宮殿的大門像自動門一樣「呼」地打開，宮殿裏光滑的地磚泛着青釉色的光。

斗牛帶我們走到書桌前，《獸譜》像昨天一樣被擺在桌子正中間。斗牛輕輕吹了幾口氣，裏面的書頁輕飄飄地飛起來，並且自動地翻啊翻，一直翻到第五冊中間的一頁才停下來。

「你們看！」斗牛說。

我們湊過去看被翻到的那一頁，大家都被眼前的景象驚呆了。

「空白的？」楊永樂問，「《獸譜》裏面居然還有空白頁？」

「不完全空白，至少還有字。」我說，「上面寫着『文文，文文善呼……』難道，這裏本應該是文文的畫像？」

「沒錯。」斗牛回答，「這裏本來是文文的畫像。按照故宮裏的規矩，文文在天亮之後必須待在這裏，待陽光消

失後，他才可以離開。但是，他自從昨天晚上離開《獸譜》後，就再也沒有回來。」

「所以……他違反了故宮的規矩？這很嚴重嗎？」楊永樂問。

「是的，比封印被破壞還要嚴重。」斗牛沉默了一會兒，才接着說，「這頁空白頁就像一個窗口，發現這頁空白頁的人類將可以進入《獸譜》的怪獸世界。無論對怪獸，還是對人類，這都不安全。」

我皺起了眉頭：「天啊！這太糟糕了！」

「是啊，太糟糕了。」楊永樂聲音低沉。

那天晚上，重新回到牀上後，我很長時間都沒有睡着。故宮裏的所有動物和怪獸都在忙着找文文，我和楊永樂也很想幫忙，但斗牛給了我們別的任務：守護《獸譜》，直到它被收回古籍倉庫。他告訴我們，這是比找文文更重要的事。我們要幫助怪獸們守護那個窗口，盡自己最大的力量不讓人類走進怪獸的世界。

聽起來這是很重大的任務，它壓得我有點喘不過氣來。我懷疑自己和楊永樂有沒有本事來完成這個任務。但沒想到，我們的守護任務在第二天清晨就結束了。

當我吃完早飯，拿着飯盒特意繞道去故宮圖書館串門時，透過泛着紅色晨光的玻璃窗，我親眼看到圖書管理員

將桌子上的《獸譜》收進特製的保管箱，放在小推車上，朝着古籍倉庫的深處走去。

我輕輕推門進去。圖書館裏安靜極了，只有銀色的大鐘「滴答、滴答」地響着。等了好一會兒，圖書管理員才「哐啷、哐啷」地推着小推車走了回來。

「哦，小雨，你是甚麼時候進來的？想要借書嗎？」圖書管理員王阿姨吃驚地看着我問。

「那個……那個……」我想打聽《獸譜》的事情，但終究沒說出口。這件事還是不問比較好吧……

「『那個』甚麼啊？」王阿姨笑了，「變成結巴了嗎？」

我的臉一紅：「啊！我上學要遲到了，再見！」

我走出圖書館，但很快又折返回來：「王阿姨，早上沒碰到甚麼怪事吧？」我還是有點不放心。

「有啊。」

「啊？甚麼怪事？」

「碰到你啊，你今天早晨就挺怪的。」說完，她就「咯咯咯」地笑了起來。

我鬆了口氣，重新道了別，大步走出圖書館。

《獸譜》被安全收回倉庫，沒人發現裏面的一個怪獸消失了，出現了一整頁的空白。這意味着，也不會有人通過空白頁這個窗口，誤闖入《獸譜》的怪獸世界，這真是非

常幸運的事。但是，沒有了封印，書裏的怪獸會不會闖出來呢？

　　我推開圖書館紅色的大門，來到院子裏，深深吸了口濕潤的空氣。就在這時，一陣冷風吹過，彷彿特意來告訴我，後面的麻煩還多着呢。

故宮小百科

《怪獸書的封印》： 乾隆十五年（1750年），當時著名的宮廷畫家余省、張為邦等人奉旨創作《獸譜》，歷時十餘載，最終於乾隆二十六年（1761年）完成。故宮博物院所收藏的《獸譜》共分6冊，每冊30幅，一共180幅，每幅尺寸相同，縱40.1厘米，橫42.5厘米，絹本，設色，繪有《山海經》《古今圖書集成》等典籍中記載的各種瑞獸、異獸、神獸及普通類動物，另有漢、滿兩種文字對照，對所繪動物加以說明或考證。《獸譜》在傳統的寫實風格中融入了西洋繪畫的光影技巧，是清代宮廷繪畫的精品。

文文： 是《山海經·中山經》裏記載的怪獸，牠生活在放皋山，形狀像蜂，長着倒轉的舌頭和分叉的尾巴，喜歡呼叫。

2
大風惹的禍

是我第一個發現那個小東西的。

雖然早就立秋了，天還是很熱，而且沒有風。媽媽說這是「秋老虎」，估計還得熱一陣子呢，只有早晚涼快一點。

等天黑了，涼快一點後，我一個人走在故宮的夾道裏，打算去儲秀宮的失物招領處找楊永樂一起寫作業。穿過長春宮的時候，我在啟祥門後面發現了他——一個毛茸茸的小東西。

他看起來像一隻還沒成年的小狸貓，渾身淺灰色的毛好像天鵝絨，上面有黑色的斑紋。有點特別的是，他像人

一樣長着長頭髮，他的眼睛圓鼓鼓的，可愛極了。我費了點力氣才捉住他，把他抱到懷裏。他可能被嚇壞了，依偎着我，一動也不動。

我抱着他一路跑到失物招領處。

「楊永樂！楊永樂！快看，我撿到了甚麼？」

我推開房門，得意地把懷裏的小東西展示給楊永樂看。楊永樂收起手裏的撲克牌，繞着我走了一圈。

「這是甚麼？」

「我的新寵物！你知道的，我一直想養一隻自己的寵物。」

「我當然知道，但他是……貓嗎？」

「我想是吧，雖然他頭上的毛有點奇怪，但可能是基因突變。」我樂呵呵地說，「剛才來找你的路上，我在長春宮發現了他，看他多可愛！」

「也許他不是貓……」楊永樂若有所思地說，「你沒問問他的名字？」

「他不會說話，小可憐。」我輕輕撫摸着「小貓」的頭說，「到現在，他一聲都沒叫過，可能天生是個啞巴。」

「我可不這麼想。」楊永樂不安地搖着頭說，「小雨，我覺得在這個特殊時期，隨便在故宮裏撿到不認識的動物，可不是件好事。」

「特殊時期？甚麼意思？」我不高興地問，「而且，怎麼叫不認識的動物？你連貓都不認識嗎？」

「就在四天前，你破壞了《獸譜》的封印，你不會已經忘記了吧？」楊永樂叉着腰問，「就算《獸譜》被收回了倉庫，但倉庫的大門可關不住書裏那些奇怪的怪獸，他們隨時可能從書裏跑出來。」

「你覺得這個小東西是《獸譜》裏的怪獸？」我誇張地「哈哈」大笑了幾聲，「我們都看過《獸譜》的複製版，裏面哪個怪獸有他這麼可愛？」

「我可不確定。」楊永樂托着下巴說，「無論如何，我覺得在找到文文、重新封印《獸譜》之前，你最好離奇怪的東西遠點。」

「好吧！把《獸譜》拿出來再看一遍，我記得失物招領處的貨架上就有一本複製版，沒錯吧？」我不服氣地說。

楊永樂立刻轉身去了貨架旁，很快就捧了一套厚厚的書出來。這是一套故宮出版社出版的六冊《獸譜》的合集。

「誰說的都不算，我們來問問《獸譜》吧！」

我坐下來，把「小貓」放到我的膝蓋上。他看起來累極了，換了個舒服的姿勢，就閉上眼睛打起盹來。

楊永樂坐到我旁邊。我們一頁一頁地翻看《獸譜》裏的圖片，只要是長得像貓的怪獸，我們都會對比一下。

「這個有點像。」

「你說『貍』嗎？不，圖片上這個頭上沒有長毛髮。」

「這個呢？」

「顏色也差得太遠了。」

…………

直到我們翻到第三冊，楊永樂突然指着其中的一張圖片說：「天啊！就是他！」

我湊過去一看，那上面的確有一個很像貓的淺灰色怪獸，身上的花紋、頭上的長毛和我膝蓋上的小貓的花紋與長毛也一模一樣。

「看！他不是貓，他叫『類』。」楊永樂仔細讀着旁邊的文字說明。

「等等，我覺得他們的表情不太一樣，圖片上的這個這麼兇，而我這個卻這麼可愛……」

「可愛的表情也許只是他的偽裝。」楊永樂打斷我的話，「看這上面怎麼說他：『類狀如貍而有髦，自為牝牡……』甚麼叫『自為牝牡』？讓我查查……你旁邊桌子上的詞典，能遞給我嗎？」

我乖乖地把桌子上的詞典遞給他。

「啊哈，在這裏。」他一邊翻詞典，一邊自顧自地說，「『牝牡』在這裏的意思是雌雄的意思。天啊，這個怪獸是

雌雄一體。」

他一把把我膝蓋上還在打盹的小東西抓過去，翻開肚皮看了看：「沒錯，他真是雌雄一體，所以，這傢伙就是《獸譜》裏的怪獸『類』！」

類被楊永樂弄醒了，但他並沒有發脾氣，而是繼續在楊永樂的膝蓋上睡了過去。

「他那麼可愛，脾氣那麼好，居然是怪獸？」聽到這個答案，我有一種說不出的失望感。我知道，我絕不可能養一個怪獸當作寵物，何況他還是從《獸譜》裏跑出來的怪獸。

「是的。」楊永樂把視線移回到《獸譜》上，「不過你還算幸運，書裏寫『類』這種怪獸沒甚麼危害。不過這裏有一句話，我有點不明白，『類自為雌雄，故風化』。『自為雌雄』我知道，但『風化』是甚麼意思？」

「你可以再查查詞典。」我把類從楊永樂的膝蓋上抱了過來。他真貪睡，我們聲音這麼大都沒有吵醒他。

「詞典上有兩種解釋：風俗或風氣；岩石或建築物等因日曬雨淋和生物的影響而受到侵蝕。無論哪種解釋放在這裏都不合適。」楊永樂喃喃地說。

「這應該不重要，『風化』聽起來不像是甚麼壞詞。你要是實在想弄清楚，我們可以明天去找李叔叔借《辭海》

或者《古漢語詞典》。」我說,「問題是,我們現在拿這個『類』怎麼辦?」

「他是從《獸譜》裏跑出來的,當然應該回到那裏去。」楊永樂攤開手說,「我們肯定沒這個本事讓他回去,所以,應該把他交給斗牛處理。」

「斗牛會嚇壞他的。」我把軟乎乎的類抱到懷裏。

楊永樂繃着臉說:「現在不是大發愛心的時候,無論他看起來多麼可愛,他都是怪獸,不是寵物!我們走吧。」

外面起風了,風不大,溫柔地掠過我們的臉。我抱着類走在前面,楊永樂跟在我身後。我們穿過西長街,想抄近路去雨花閣,經過體元殿的時候,風大了起來,「呼呼」作響。

體元殿前的院子裏沒有路燈,我們憑着手電筒裏的一點光亮,在漆黑的小路上走着。忽然,眼前一閃,有個灰色的小東西像皮球一樣滾進手電筒的光線裏。

「你懷裏的類跑了!」楊永樂大聲對我說。

我嚇了一跳,趕緊低頭看看。咦?不對啊?類明明好好地待在我懷裏。

「你弄錯了,類還在我這兒。」我舉起類給他看。

楊永樂一臉困惑:「我明明看到他跳下來了……那地上這個類是怎麼回事?」

我定睛一看，不禁吃了一驚。楊永樂說得沒錯，不算明亮的光線裏，我能清楚地看到一個一模一樣的類正蹲在我們面前。

　　「他是從哪兒來的？」

　　「我不知道。」楊永樂搖着頭說，「《獸譜》裏明明只畫了一個類。」

　　我們兩個呆呆地站在院子裏，想不明白怎麼又出現了一個類。就在這時，一陣稍大的風吹過，接下來在我們眼前發生的事情更不可思議了：地上的類「呼」的一下「變」成了兩個；幾乎同時，我懷裏的類也變成了兩個。他們就像是用同一個模板從 3D 打印機打印出來的，四個長得完全一樣，連身上的花紋都絲毫不差。

　　「太可怕了！」我手一抖，懷裏的兩個類一下子掉下來。類像靈巧的貓一樣，無聲地跳到地上。四個類聚到一起，互相聞着同伴的味道。

　　「我想，我們不可能把他們都帶去找斗牛。現在只能讓斗牛來找我們。」楊永樂冷靜地對我說，「我在這裏看着他們，你去雨花閣找斗牛。一定要快！在他們的數量變得更多之前，一定要把斗牛或者龍帶過來！」

　　「好！」

　　我撒腿就朝雨花閣跑去，風變得更大了。我迎着風，

滿頭大汗地跑到雨花閣。幸運的是，我一踏進雨花閣的院子，就看見了斗牛和天馬。

「太好了！你們在這兒！」我大口大口地喘着粗氣。

「出甚麼事了嗎，小雨？」斗牛有些意外地看着我。

「是的，我和楊永樂發現了類！你們知道吧？他是《獸譜》第三冊裏的一種怪獸。」

「類？」斗牛和天馬都吃了一驚。

「你們沒有把類抱到院子裏吧？」天馬擔心地問，「尤其是在現在這種颳着大風的時候，可千萬不能讓他吹到風！」

「你說晚了，他現在就在體元殿的前院裏。」我回答。

「所以，類已經開始繁殖了嗎？」斗牛着急地問。

「那是繁殖嗎？我還以為是複製。」我呆呆地說。

斗牛和天馬挺直身體，交換了一下眼神。

「希望還來得及 —— 在類充滿整個故宮之前。」斗牛喃喃地說。

「快坐到我的背上來，小雨！」天馬大聲說，「我們必須抓緊時間！」

只是一眨眼的工夫，我們就來到了體元殿的院子裏。天馬降落的那一刻，我簡直不敢相信自己的眼睛 —— 黑漆漆的院子裏，到處都是灰白色、毛茸茸的小怪獸，他們

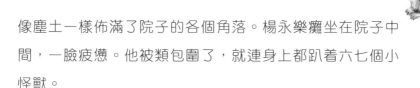

像塵土一樣佈滿了院子的各個角落。楊永樂癱坐在院子中間，一臉疲憊。他被類包圍了，就連身上都趴着六七個小怪獸。

「天哪！」天馬驚呼了一聲，「類的繁殖能力比我知道的還要強。」

「這還不是最強的時候。」斗牛的口氣裏充滿無奈，「今天只有四級風，如果風力達到六級，他們的繁殖能力還會再增加一倍。」

我們費了好大的力氣才在小怪獸們中間騰出一條道路，走到楊永樂面前。

「我真不明白為甚麼會這樣。」楊永樂說。

「你們既然已經在《獸譜》裏查到了他是『類』，難道就不能仔細把關於他的說明看完嗎？」斗牛問。

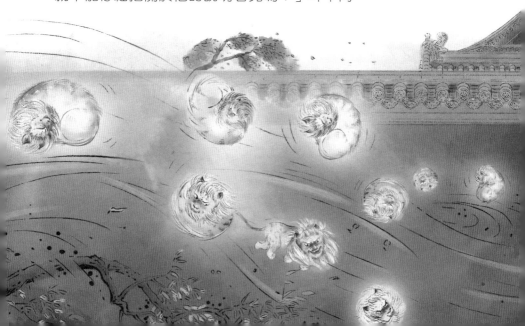

「我看完了說明。」楊永樂信誓旦旦地說,「那裏面說他沒有危害,雌雄同體,並且會『風化』。」

「你知道甚麼叫『風化』嗎?」斗牛接着問。

「詞典裏說,『風化』的意思是風俗、風氣,或者岩石、建築物等因日曬雨淋和生物的影響而受到侵蝕。」

「我想你查錯詞典了。」斗牛搖着頭說,「『風化』在古漢語裏有遇風繁殖的意思。類的外表有點像貓,所以又叫靈貓。他是遇到風就會自我繁殖的怪獸,風越大,他們繁殖的速度越快。」

「甚麼時候他們會停止繁殖?」我問。

斗牛歎了口氣說:「風停的時候。只要有風,他們就會不停繁殖。」

「天啊!如果風吹一夜的話⋯⋯」

「如果那樣,明天早晨故宮就會被類佔領。」

我和楊永樂互相呆望着,同時,類的數量正變得越來越多。

「現在怎麼辦?你有甚麼好辦法嗎?」楊永樂絕望地問斗牛。

「沒甚麼好的辦法,但是有一個笨方法。」斗牛說,「那就是,把這裏所有的類都關進周圍的宮殿裏,門窗關緊,不讓一絲風溜進去。」

楊永樂「呼」地站了起來：「說幹就幹吧！」

「我再去找些幫手！」天馬將幾個跳到他背上的類甩下去，揮動翅膀飛向了天空。

接下來的幾個小時，我們一直忙着把這些不停繁殖的小東西一個個關進體元殿、太極殿、怡性軒和樂道堂，只要是周圍能利用的宮殿，我們全都用上了。天馬帶來了海馬、吻獸和狻猊，即便增加了幫手，大家也都忙得不可開交。每當大家覺得將要大功告成的時候，就會發現還有幾個類躲在草叢裏，他們轉眼就又變成了幾十個。

大家在絕望中迎來了清晨，風終於停了。第一縷陽光灑在體元殿的琉璃瓦屋頂上，透過窗戶照進了被擠得滿滿當當的宮殿裏。

就在這時，奇跡發生了。

體元殿裏突然傳出了「撲哧、撲哧」的聲音。緊接着，我就發現，陽光所到之處，類們正如肥皂泡般，一個、一個地消失。

原來是這樣！

我一把推開體元殿的大門，讓更多的陽光照進宮殿。於是，更多的類「撲哧、撲哧」地消失了。他們就像夜晚的一個個夢，在陽光的魔力下消失得無影無蹤。

「太神奇了！」連天馬都看呆了，他輕聲問身邊的斗

牛，「你知道類遇到陽光會消失嗎？」

斗牛搖搖頭：「上千年來，從來沒有發生過這樣的事情，也從來沒有過這樣的記載。」

「那是怎麼回事？」我納悶極了。

斗牛思考了相當長的一段時間，才回答：「我想可能是故宮裏關於怪獸的規矩救了我們。天亮後，怪獸們必須回到他們本來的位置上。這條規矩被施加了強大的法力。所以，類應該是回到《獸譜》裏去了。」

「也就是說，今天天黑後，他們還可能會出來？」楊永樂問。

「不是他們，是他。」斗牛說，「因為《獸譜》裏只畫有一個類。不過你們不用擔心，我今晚會派一個神獸看好《獸譜》。在我們找到文文前，每個晚上《獸譜》都會被嚴密看管。類這樣的事情，不會再發生了。」

我忍不住問：「如果故宮裏的怪獸規矩擁有強大的法力，那文文怎麼能從《獸譜》裏逃脫？」

斗牛沉吟道：「不知道，我也想不出甚麼合理的解釋。看來只有找到文文，我們才會知道在他身上到底發生了甚麼。」

「太陽已經出來了，我們趕緊回去吧。」其他怪獸已經相繼離開了，天馬在一旁催促斗牛。

「對，我們該走了。」斗牛點點頭。

我們和斗牛、天馬道別後，朝着西三所的方向走去。一天中最新鮮的陽光灑在我們臉上，我和楊永樂卻不由得打起了哈欠，真是忙碌的一晚。

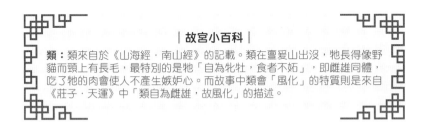

‖ 故宮小百科 ‖

類： 類來自於《山海經·南山經》的記載。類在亹爰山出沒，牠長得像野貓而頸上有長毛，最特別的是牠「自為牝牡，食者不妬」，即雌雄同體，吃了牠的肉會使人不產生嫉妒心。而故事中類會「風化」的特質則是來自《莊子·天運》中「類自為雌雄，故風化」的描述。

3
時間的大鼓

「忙死了！忙死了！」我把語文書扔到半空，書掉下來的時候差點砸到身邊的梨花。

「喵——」梨花跳了起來，不高興地搖晃着尾巴，「不用覓食也不用工作，你有甚麼可忙的？」

「學校作業那麼多，還要做課外班的作業，晚上還要和怪獸們一起找文文……連玩的時間都沒有。」

「喵——一點都不值得同情。」梨花晃着腦袋說，「你放學了不抓緊時間寫作業，總是磨磨蹭蹭，能賴誰呢？《獸譜》失去了封印，天天有奇怪的傢伙出來搗亂，也是你闖的禍，你不去找文文，誰去找？」

「你這隻野貓怎麼一點同情心都沒有？」我撅起嘴說，「虧我每天辛苦地撿礦泉水瓶給你換罐頭吃，你就是這麼安慰我的嗎？」一提到罐頭，梨花的臉色立刻變了。

「小雨最善良了！喵——」她擺出一副笑臉，「不過，無論我怎麼安慰，你的時間也不會多出來。不如啊，我給你想個辦法。」

「甚麼辦法？」

「一個能讓你的時間多出來一點的辦法。喵——」梨花瞇起眼睛說。

我的眼睛睜得老大：「你還有這個本事？」

「我是沒有這個本事，喵——但是我聽過一個傳說，如果傳說是真的，你每天就可能多出半個時辰的時間。」

「半個時辰……也就是一個小時呢！」我的眼睛都亮了，「是甚麼傳說？」

「喵——這是故宮裏一個很古老的傳說。不過，我從沒聽說誰去試過。」梨花壓低聲音說，「聽說，欽安殿裏有一面大鼓，只要在太陽下山的那一刻，用鼓槌在上面敲十二下，等到天黑以後，你就會多出半個時辰的時間。」

「欽安殿的大鼓？」

我只去過欽安殿兩次，每次還都是在天黑以後，從來沒注意到宮殿裏是不是擺着一面大鼓。

梨花點點頭：「沒錯。那是一面有魔力的大鼓，能敲出風、雨、雷、電的聲音。在沒有鐘錶的時代，欽安殿的道士們就是靠它的聲音感知時間。」

「這麼厲害？我要去試一試。」我收拾好書包，準備出發去欽安殿。

「喵——別着急啊！」梨花叫住我，「我告訴了你這麼大的祕密，你打算怎麼答謝我呢？」

「要是真的有用，我給你買你最喜歡的營養膏。」我大方地說。

「說定了！喵——」

我跳下台階，朝着欽安殿跑去。現在這個時間，遊客們早已經離開，整座故宮應該都在做閉館的準備。我應該還能在欽安殿鎖門前溜進去。

欽安殿的紅漆大門斜開着，管理員正在認真地做着一天中最後的清掃工作。欽安殿裏有很多擺設，是個捉迷藏的好地方。我踮着腳尖溜進去，藏在神座旁邊的紅柱子後面，大氣都不敢出。很快，管理員走出了大門。聽到清脆的鎖門聲後，我才鬆了一口氣。

這下安全了！我從柱子後面走出來，打量着這座不算大的宮殿。很快，我就發現了那面大鼓。

它被擺放在宮殿的東南角，被三隻金色的「仙鶴」叼

在嘴裏，懸掛在「七彩祥雲」做成的鼓架上。鼓面上畫着一條青龍和一條紅龍，兩條龍正在爭奪一顆火焰寶珠。

我走過去，輕輕撫摸着大鼓。我從來沒見過這麼漂亮的大鼓！一看到它，我就相信那個關於它有時間魔力的傳說一定是真的，我的心沸騰起來。我拿起旁邊的鼓槌，真想敲一下啊！但是，不能着急，梨花說過，一定要等着在太陽落山的那一刻敲鼓，魔力才會生效。

宮殿的窗外，紅彤彤的太陽正一點點朝着西邊的山脈移去。夕陽下的欽安殿，被籠罩在粉紫色的光線裏。我耐心地等啊，等啊，終於，最後一絲陽光也在鼓面上暗了下來。

就是現在！我舉起鼓槌，用盡全身力氣，「咚、咚、咚……」地敲起大鼓來，整座宮殿都被這聲音震得發顫。一、二、三、四……一直數到十二下，我才放下了鼓槌。

這時候，天已經黑了，天邊只剩下一片青紫色的微光。我在大鼓前站了一會兒，並沒有甚麼神奇的事情發生。於是，我從宮殿側面的窗戶爬出欽安殿，朝媽媽的辦公室走去。

一路上我都在想，用大鼓給我的一個小時做甚麼事呢？嗯……先寫作業，然後可以看課外書，還可以學習跳交誼舞。我們學校有個傳統，六年級的畢業典禮會開一場

盛大的舞會，每個畢業生都會穿上漂亮的長裙禮服或黑色燕尾服，在舞會上跳交誼舞。我雖然剛上六年級，但對於我這種不擅長跳舞的人來說，要想在舞會上不出醜，不提前練習可不行。

回到媽媽的辦公室後，我的心還是平靜不下來，大鼓「咚、咚、咚」的聲音在我腦海裏回響着。大鼓送給我的那一個小時，到底甚麼時候才會到來呢？

時間一分一秒地過去。我照常吃晚飯，雖然有些食不知味；照常寫作業，雖然有些心不在焉；照常背英語單詞，雖然一個單詞背了十遍也沒記住……和往常一樣，時間過得飛快。我沒感覺到自己多出來一分鐘時間。等到我再抬頭看牆上的鐘錶時，鐘錶的指針已經指向了九點整。甚麼嘛！難道大鼓的傳說是假的？這麼一想，我心裏有說不出來的失望。

我走出西三所，朝慈寧宮花園走去。是去找文文的時間了，媽媽會在十點下班，我要在那之前趕回辦公室。星期一的時候，龍就分配好了任務。今天晚上輪到我和霸下、慈寧宮的野貓小膽兒一起負責在整個慈寧宮區域尋找怪獸文文。

一走進花園，我就覺得有點不對勁。平時的夜晚，慈寧宮花園是非常熱鬧的，這裏經常會舉辦動物或者神仙們

的聚會，運氣好的時候來這裏還能碰上演出。野貓們的搖滾樂隊「貓叫」和花仙們的古典樂團都非常喜歡在咸若館前的空地上來一場精彩的表演。但是今天，慈寧宮花園裏靜悄悄的，一點聲音都沒有。出甚麼事情了嗎？我小心翼翼地往前走，沒走幾步腳指頭就被扎到了。

「哎呀！」甚麼東西這麼扎人？我瞇着眼睛看過去，只見一隻刺蝟「骨碌、骨碌」地被我踢到了路中間。

「對不起，對不起！」我趕緊道歉，「天太黑了，我沒看到你！」可是刺蝟卻紋絲未動。平時膽小得要命，受一點驚嚇就會鑽進草叢中的刺蝟，現在直挺挺地躺在路中間。我倒吸一口冷氣：不會是死了吧？我用手試了試刺蝟鼻孔處的呼吸，摸了摸牠的肚子。刺蝟的呼吸很順暢，肚皮也暖暖的，牠應該只是睡着了而已。

而接下來的場面，更加讓我搞不清楚狀況：野貓小膽兒正一動不動地站在離我不遠的地方，他弓着身體，好像走着、走着突然被定住了；在距離小膽兒不遠的地方，霸下仰着龍頭站在那裏，同樣像雕塑般絲毫不動。整座慈寧宮花園裏，除了我以外，其他的一切似乎都被定住了，連風都消失了，那感覺就像時間停止了一樣。

我一瞬間明白了。現在應該就是大鼓多給我的那一個小時吧？在這一小時裏，只有我能自由活動。

如果真是這樣，那我可要珍惜時間了。

我花了二十分鐘在慈寧宮尋找文文。但很可惜，我連草叢都扒開看了，也沒看到文文的影子。剩下的四十分鐘，我回到辦公室寫作業。直到牆上的鐘錶指針「啪、啪」地重新移動起來，我才又回到了慈寧宮花園。

慈寧宮花園已經恢復了往常的模樣，霸下拖着沉重的殼慢吞吞地走着，小膽兒走在他前面。

「文文沒有躲在慈寧宮。」我告訴他們。

「你怎麼知道？」霸下問。

「我已經很認真地找過了。」

「甚麼時候？」

我得意地一笑：「在你們被定住的時候。」

從那天起，每天晚上從九點鐘開始，我會有一個小時大鼓給的時間。我先用半小時寫作業，再用半小時跟着網絡視頻學習交誼舞。就在得到額外一小時的第五天，我正在院子裏跟隨舞曲專心地跳舞，有人推門走了進來。我嚇了一跳，停住了舞步，呆立在那裏。哎呀呀，這個時候，是誰呢？

月光下是一個英俊的少年：白皙的臉龐，深褐色的短髮，水汪汪的綠眼睛，頭上有一對小巧的龍角。他的腰上掛着一把寶劍，寶劍收在寶石鑲嵌的劍套裏，只露出扇子形狀的劍把。我一眼就認出來了，這是吻獸變成的少年。我們曾經一起游過大海，在海濱貍貓的鎮子裏看夜空中的煙花。

吻獸的綠眼睛在笑，那是一雙有魔力的眼睛，一雙看人一眼就能把人牢牢抓住的眼睛。我不由自主地走到他面前。

「你怎麼來了？」我問。

「我聽到這裏有音樂的聲音。」他說，「是你在跳舞嗎？」

我點點頭：「我在學習交誼舞。不過，你怎麼能聽到音樂聲呢？這難道不是……」

吻獸打斷我說：「這是大鼓給你的時間，你不用懷疑。

其他人仍然甚麼都不會知道，但是我卻不一樣。」

我有些吃驚：「你也聽說過欽安殿裏的大鼓？」

「是的，因為我也從大鼓那裏拿到過額外的時間。」他點點頭，「不過那是很久以前的事情了。我施了魔法，把沒用完的時間存了下來，所以今天才能出現在這裏。」

「大鼓給的時間會用完嗎？」這可沒人告訴過我。

「當然，時間總會用完的，大鼓只給每個人六個時辰。」吻獸眨巴着眼睛，盯着我說，「所以，無論是不是額外的時間，我們都應該珍惜。如果我沒記錯，交誼舞應該是兩個人一起跳的舞蹈，對嗎？」

「你知道交誼舞？」

「是的，這座宮殿裏住過一個特別喜歡跳交誼舞的皇后。她曾經把老師請進宮殿，教她和皇上跳交誼舞，我偷偷地跟着他們學了一點。」

「你說的是末代皇后婉容吧？我見過她的照片，她是一位非常美麗的皇后。」

「就是她啊。」吻獸拉起我的手，走到院子中央，帶着我一起跳起交誼舞來。他跳得真好啊！我被環繞在他令人目眩的光輝中，陶醉地閉上了眼睛，連耳邊的音樂都不可思議地變得更加動聽起來。

在月光下，吻獸扶着我的腰，我們在院子裏跳啊，轉

啊，完全忘記了時間，也完全不覺得累。「真幸福啊！」我心裏想，「如果能這樣一直和吻獸跳下去就好了。」

我們跳了很久，舞曲都不知道重新播放了幾次。我感覺一個小時早就應該過去了，可是吻獸仍然沒有停下舞步。

「吻獸，我媽媽可能就要回來了。」我在他耳邊輕聲地說。吻獸卻只是笑笑：「不會的，時間還有的是呢！」

我們又跳了多久呢？我也不知道。只是覺得自己像做夢了一樣，跟着吻獸的腳步，一圈一圈地在院子裏旋轉。直到我差點被一塊石頭絆倒，吻獸一把接住了我。

「累了吧？」他笑着扶起我。

我這時候才覺得渾身痠痛，腿已經沒有力氣了。

「我們跳了多久啊？」我問。

吻獸拿出一塊手絹擦掉我頭上的汗：「跳了好久，把大鼓給我們的時間都用完了。」

「用完了？」我吃驚地看着他。

「你不會生氣吧？沒經過你同意，我就自作主張地把所有的時間都用完了。」他躲開我的目光，「我怎麼都不想停下來，所以通通把時間都用來跳舞了。」

沒想到，吻獸和我想得一樣啊。我的臉紅了。

「我本來就打算用這些時間學習交誼舞的。現在，我們學校裏估計沒有人比我跳得更好了。」

「小雨要參加舞會嗎？」

「是啊，等到六年級結束的時候，學校會舉辦畢業生交誼舞會。」

「真想做小雨的舞伴啊。」吻獸笑瞇瞇地看着我。

我被他盯得有些不好意思，低下了頭。一陣風吹來，等我再抬起頭時，吻獸的身影已經如霧氣般消失了。牆壁上鐘錶的指針又開始慢慢地移動。

甚麼時候才能再和吻獸跳交誼舞呢？我歎了一口氣，悵然若失地走進屋子。

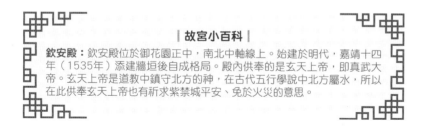

‖ 故宮小百科 ‖

欽安殿：欽安殿位於御花園正中，南北中軸線上。始建於明代，嘉靖十四年（1535年）添建牆垣後自成格局。殿內供奉的是玄天上帝，即真武大帝。玄天上帝是道教中鎮守北方的神，在古代五行學說中北方屬水，所以在此供奉玄天上帝也有祈求紫禁城平安、免於火災的意思。

4
怪獸中的倒霉蛋

一個秋日的黃昏，太陽落山已經好一會兒了，西方的天邊仍是一片耀眼的火紅。

我和楊永樂吃完晚飯，挺着肚子從食堂裏走出來，剛出門就看到了那傢伙。

「我的天啊！」我們站在那裏，目瞪口呆。

食堂的幫廚小劉正沿着小路走過來，他用一根繩子牽着一個大傢伙，費勁地喘着粗氣。

「這是甚麼？」我大聲問，「是豬嗎？」

「應該是。」小劉回答，「我剛才路過壽安宮的時候發現的。有意思吧？」

那傢伙無精打采地站在那兒，不一會兒就臥倒在地，任由幾隻蒼蠅在他腦袋上面嗡嗡叫。

「他看起來和一般的豬有點不一樣。」楊永樂蹲下來，仔細看那頭豬，「我從沒見過黑色的豬，而且他的毛比普通豬的毛濃密多了，嘴裏還長着獠牙。你確定他是豬？」

「可能是家豬與野豬的混種。」小劉說，「現在流行養這種豬，叫甚麼黑山豬。市場上這種豬的肉比一般豬肉貴一大截。」

「他怎麼會在故宮裏？」我覺得納悶。

「誰知道呢？」小劉笑着說，「可能是給食堂運肉的車把這頭豬落下了。」

「真是一頭大豬！」楊永樂饒有興趣地看着他。

「至少有二百斤重。」小劉抓住豬頭上的鬃毛說，「牠的肉肯定很好吃。」

大豬喘着粗氣，睜開濕漉漉的小眼睛看了小劉一眼。

「你打算把他放到哪兒？」我問。

「先關到後廚的院子裏，看看會不會有人來認領。要是明天還沒人認領，就宰掉做成燉豬肉給大家吃。」

小劉拉起繩子把豬往後院拽，大豬極不情願地跟着他。

「等我寫完作業，我能來看他嗎？」楊永樂問，「我還是第一次見到這樣的活豬。」

「沒問題。你直接從後院進來就可以了。但是，小心點，別把他放跑了。」

小劉牽着豬消失在了食堂後面。

我們寫完所有作業時，天已經黑透了。月亮從西方升起，顯得比往常大了一圈。

我跟着楊永樂到了食堂後院。院子不大，小劉用廢紙箱、抹布和掃把做了個簡單的柵欄，把大豬圈在小小的柵欄裏。

楊永樂打開手電筒，發現大豬正臥在地上，身上有一塊皮破了，一臉悲傷。

「他怎麼了？」我往後退了一步，這頭豬身上的味道可真臭。

「可能是渴了，要不就是餓了。」楊永樂說，「我敢肯定，小劉沒讓他喝水、吃東西。」

「這裏沒甚麼吃的東西，我去拿點水吧。」我轉身去取水，心裏琢磨着，豬都喜歡吃甚麼。

「我知道哪裏有吃的東西。」楊永樂轉身溜進了食堂的後廚。

我拿水回來。大豬大口大口地舔起來，水花濺得到處都是。不一會兒，楊永樂從後廚跑出來，手裏端着半鍋剩飯，拿着幾個玉米棒子。大豬一點都不挑食地吃了起來，

整個臉都埋在鍋裏。

「我希望小劉能把他養肥點再宰了吃。」楊永樂似乎很享受看豬吃東西的樣子，「這樣，我就能多觀察他幾天。」

「他已經夠肥了。我估計他明天就要被宰了。」我搖了搖頭。

大豬像聽懂了我們的話似的抬起頭。他張嘴叫了兩聲，那聲音和我印象中聽到過的豬叫聲似乎不太一樣。不是「嚕嚕」聲，而是「嚄嚄」聲。

然後，大豬開始說話了：「你們能別再提我要被宰了這件事嗎？難道我身上就沒有其他有意思的東西？」

院子裏一片寂靜。我和楊永樂都呆住了。

「怎麼回事？」我問，「剛才我聽到了甚麼？」

「是豬。」楊永樂嚥了口唾沫說，「他說話了。」

我回過神來。對啊，豬也會發聲，也會說話，而我們能聽懂動物的話。

「我還是第一次聽豬說話。」我笑了。

「我也是。」楊永樂跟着說。

大豬卻不太高興地看着我們，說：「對不起，我不是豬，我也很討厭人類用『豬』來稱呼我。『黑山豬』『野豬』之類的都不喜歡，你們能換個稱呼嗎？」

「你不是豬？」楊永樂圍着他轉了一圈，「你在開玩笑

嗎？你不是豬是甚麼？」

大豬猶豫了一下：「很抱歉，我不能告訴你。」

「為甚麼？」

「因為，如果我告訴你我是誰，我的處境只會更加危險。」大豬來回甩着尾巴說，「我的運氣一直不太好。比如今天，我居然被一個無知的人當作豬給逮住了。你們還打算殺掉我，吃我的肉，都沒有問過我願不願意。其實，我屬於一個非常古老的種族。無論是誰，出生時就拖着這麼笨重的身體，生活都會不容易。但是我們似乎比其他種族生活得更不容易一些。我們長得太像豬，無論誰看到我們都會有想吃的慾望。另外，我們跑得很慢、不靈活，也沒甚麼防禦能力。再加上運氣差，甚麼倒霉的事情都能被我們碰上。所以，以前我住在泰山的時候，大家都喜歡叫我『倒霉蛋』。」

「你以前住在泰山？聽說很久以前，泰山裏曾經生活過很多奇異的怪獸。」楊永樂對他的興趣越來越大了。

「是的，非常多。」大豬點點頭說，「《山海經》裏記錄過一些。另外，一個叫郭璞的人也曾經去泰山住過很長一段時間，所以他也記錄了不少怪獸。他還認為，泰山裏的怪獸大多數都是動物的變異，包括我在內。不過，那是胡說，我們生來就是獨立的種族，絕不是甚麼其他種族的

變異。」

「看來，你也是那些怪獸中的一個。」楊永樂若有所思地說。

大豬看了他一眼說：「關於我的身世，我只能告訴你們這麼多了。現在，你們打算救我出去嗎？」

「救你？」我說，「可是小劉那邊……」

「你說撿到我的那個人嗎？他打算吃了我，把我做成紅燒肉、燉排骨或者扒豬臉。這樣對我絕對是不公平的。我的肉並不是我身上最有價值的東西，我還有更大的價值。我們這個種族在人類歷史上一直很搶手，你們經常費盡力氣去捉我們，但捉到以後很少有人會狠心吃掉我們的肉，

知道嗎？一旦你們知道了我是誰，絕對會對我身上別的東西感興趣，而不是肉。」

「如果你告訴我們你是誰，我們就救你出去。哪怕明天被小劉罵，我們也願意。」楊永樂開始和他談條件了。

「哦，天啊！」大豬翻了個白眼，「只能這樣嗎？這是我的隱私。」

「只能這樣。」楊永樂堅持說，「如果你不想明天變成紅燒肉、燉排骨或者扒豬臉，那麼最好趕緊告訴我們你的名字。」

「好吧。」大豬無精打采地說，「我的名字叫狪狪。」

「這個名字聽着好耳熟。」我皺起眉頭，思考着在哪裏看到過這個名字。

「我記得。」楊永樂得意地一笑，「狪狪是出自泰山的怪獸，他長得像豬，叫聲和自己的名字一樣。最重要的是，傳說每個狪狪的肚子裏都有一顆寶珠。」

「啊！我也想起來了，《獸譜》裏有這個怪獸。」我大聲說。

「看來又是從《獸譜》裏跑出來的怪獸。你真是闖了大禍。」他又開始埋怨我。

我不服氣地看着他：「難道你就沒有責任嗎？那天晚上，你就在我旁邊，最先發現文文的人是誰？還有……」

我越說越生氣。

「我不知道你們倆有甚麼仇，但是，能不能先救我出去？」狪狪大聲打斷了我。

我看着這個肥大的怪獸，說：「好吧，既然你不是豬，你理應離開這裏。」

我和楊永樂破壞了圍住狪狪的簡易柵欄，把他放了出來。他伸了伸懶腰，又抖了抖身上的毛。這個空檔，我和楊永樂交換了一下眼神。楊永樂一把握住狪狪脖子上的繩子：「現在跟我走吧。」

「你們要帶我去哪兒？」狪狪問。

「一個對你來說最安全的地方。」我回答。

我們走出食堂後院，走在朦朧的月色裏。狪狪走得非常慢，而且每走幾步，他就要停下來休息幾分鐘。

「我真想知道，你們這個怪獸種族是怎麼活下來的？」楊永樂好奇地問，「沒有防禦能力，連走路都這麼慢，看起來也不會打架……你們吃甚麼？」

「甚麼都吃。」狪狪回答，「我幾乎可以吃任何東西，樹葉、草、垃圾……所以生存不是問題。其實在人類出現之前，我們也沒甚麼天敵。大多數怪獸和動物都能和我們和平相處。我們學習能力很強，很善於和大家溝通，說服對方不要吃掉我們。雖然這很費力氣，但是想要活下來本

來就不容易。而且我們也有預知危險的能力，雖然只能預知十多分鐘之後的事，但也來得及躲藏。所以，在人類出現之前，我們活得還挺好。」

「難道你們預知危險的能力對人類不管用嗎？」楊永樂接着問。

「不是這樣的。儘管我們能預知甚麼時候會有人類來捉我們，但我們也不一定能躲得過去。因為人類總是不按常理出牌，他們還會使用工具，並利用其他動物，比如狗。」狪狪吐了吐舌頭，看得出，他不太喜歡狗。

「找到我們以後，每當我們想說服他們時，他們只會對我們會說話這件事更感興趣。而且……」他停頓了一下，用小眼睛看了看我和楊永樂，才接着說，「可能你們不喜歡聽，但這是事實，人類太貪心了。他們捉我們可不像其他野獸是為了吃掉我們填飽肚子，繼續生存下去，而是為了我們肚子裏的珠子。我其實不太喜歡那顆珠子，它是我們的基因缺陷。我們從出生時就長着那顆珠子，它經常會弄得我們的肚子不舒服。根據你們人類現在的醫學觀點，那顆珠子其實就是我們胃裏的結石。如果你們願意幫我做手術拿掉那玩意兒，我也很高興。但是人類往往不這樣想，他們只想剖開我們的肚子拿走那顆珠子，不管我們的死活。就像他們拿走珍珠後，會直接把蚌殼丟進垃圾箱。」

狰狰停了下來，氣喘吁吁地轉動着他那巨大的腦袋，他又需要休息了。

「你說得沒錯。」楊永樂點點頭說，「我們人類，有的時候是太自私了。」

狰狰笑了：「你能承認這點我很高興。不是所有人都這麼想。如果大多數人都能像你這樣想，我們的種族也不會走向滅絕了。其實，我一直想與人類深入交流一下，畢竟我們都是智慧生物，能互相了解一下也不錯。但你們一直沒有給我機會。人類一直盤算着怎麼拿到我們肚子裏的珠子去賣錢，發家致富。有一段時間，你們甚至對我們的肉也開始感興趣。那些不講道德的獵人說謊，聲稱吃了我們的肉可以避免災禍。這加速了我們種族的消亡，不過吃了我們的肉的人也沒有甚麼好結果……」

「你們的肉有毒嗎？」我問。

「不，我們的肉沒有毒，我們是完全無害的，不會傷害任何人。」狰狰搖着頭說，「但是，我聽說——只是聽說——吃了我們的肉的人會得健忘症，會忘掉他腦袋裏所有的記憶。所以，後來沒人吃我們的肉了，他們只要我們肚子裏的結石——就是那顆珠子，然後再像丟掉蚌殼一樣丟掉我們。」

「唉！你們是夠倒霉的。」我開始同情狰狰了。

「是啊。」狪狪歎了口氣說,「那個郭璞說得比較準確,他說『狪狪如豚,被褐懷禍。患難無繇,招之自我』。你們知道這些話是甚麼意思嗎?」

「就是說,你們長得像豬,肚子裏的珠子是你們的災難。每次你們都是因為那顆珠子而無緣無故地喪命。」楊永樂回答。

「沒錯。所以,我們是怪獸裏的倒霉蛋,儘管我們很聰明。如果能深入地和人類交流,我們說不定能促進你們的文明發展,但是沒有機會了。因為,人類總是只相信自己眼睛能看到的東西 —— 那顆珠子,卻忽視了我們腦袋裏的智慧。」

「真抱歉。」我由衷地說,「我們太笨了。」

狪狪微微一笑,用濕漉漉的小眼睛看着我:「雖然這道歉有點晚,但總好過沒有。」

我們走進壽安宮的院子裏。月亮掛在樹梢上,像銀色的盤子。

「你知道我們為甚麼帶你來這裏吧?」楊永樂問狪狪。

「嗯,世界上的一切都是這樣。一段短暫的旅行結束後,你總要回到原地。」狪狪抬起頭,看着壽安宮的窗戶說,「我會回到《獸譜》裏,如你們希望的那樣。」

「我希望還能有機會見到你。」我由衷地說。

「會的。」狪狪笑着說，「如果再見面，我希望能和你們談談人類的哲學。」

　　「哲學？」楊永樂撓了撓頭，「如果那時候我能看懂哲學書的話⋯⋯再見！」

　　「再見！」

　　狪狪扭着肥大的身體消失在了壽安宮裏。

‖故宮小百科‖

狪狪： 狪狪是傳說中生活在泰山的怪獸。《山海經·東山經》是這樣說的：泰山山上盛產玉，山下盛產金，山中有種長得像豬而體內有顆珠子的野獸，牠便是狪狪，叫聲和牠名字的讀音一樣。

5
迷樓

　　遲到，是我和楊永樂心中永遠的痛。

　　尤其在天氣逐漸變冷的早晨，暖乎乎的被窩就像有魔力一般，讓人怎麼都不想離開。上學路上的公共汽車也像是沒睡醒，「咔啦、咔啦」地開得格外慢。但是學校打鈴的設備從來不壞，無論是颱風還是下雨，上課鈴聲都會準時響起。

　　在一週內連續遲到的第三天，我乖乖地站在教室外的走廊上，內心平靜。班主任已經對我夠寬容的了，我遲到了那麼多次，這還是第一次被罰站。可憐的楊永樂，好像已經連續被罰站一個多星期了。

我不由得朝走廊的另一端看去。奇怪的是，今天楊永樂並沒有站在他的班級門口。難道他今天沒遲到？不可能啊！早晨我出門的時候，看見他才拿着暖壺從熱水房出來。難道他逃學了？我心裏納悶，楊永樂的膽子不會這麼大吧？

　　下課鈴一響，我就跑到楊永樂他們班去偷看。楊永樂正好好地坐在座位上，低頭補作業。他真的沒遲到！簡直不可思議。「你是怎麼做到的？」我把他叫了出來，「你明明比我出發晚，卻到得比我早。」

　　「噓！小聲點！」楊永樂警惕地看看周圍。旁邊有幾個他們班的男生看到我來找他，滿臉壞笑。

　　「放學以後我再告訴你。」他壓低聲音說。

　　「你保證？」

　　「我保證。」

　　放學的時候，我站在校門口等他。他和兩個男生一起走出來，看到我後，他的朋友們起哄着離開了。「我想……以後我們還是在故宮裏碰面比較好。」楊永樂的臉有點紅。

　　「哦，好吧。」我也覺得有點難堪，「只要你告訴我不遲到的祕訣，你讓我不再理你都成。」

　　「用不着不理我，我們還是好朋友，只是在學校……你也知道……」

「好了，我知道，我知道。」我說。自從上六年級以來，似乎所有的男生都想和女生劃清界限。

「現在可以告訴我了吧？你怎麼做到的？」我急切地等待着答案。

「其實沒甚麼好說的。」他神祕地一笑，「我發現了一條快速通道，用不了一分鐘，就可以從故宮到達學校。」

「這不可能！這不科學！」我吃驚地大叫。

「噓！你怎麼總是這麼大聲音？」楊永樂提醒我，「你在故宮裏講科學？太可笑了，我們明明已經碰到了那麼多無法用科學解釋的事情。」

「好吧！」我同意，「通道在哪兒？」

「在乾隆花園裏。」他小聲說，「明天早晨你可以和我一起去試試。」

「太好了！我們幾點在那裏碰面？八點鐘上課，七點半怎麼樣？」

「七點半太早了！」他誇張地說，「七點五十五分吧。」

「萬一那通道出現甚麼問題怎麼辦？我覺得我們最晚也要七點四十分碰面。」

「絕不會出問題的。」楊永樂有把握地說，「這樣吧，七點五十分我們在乾隆花園的符望閣前碰面。我保證你不會遲到，因為只用一分鐘，也就是說七點五十一分，你就

能到學校了。」

一分鐘到學校，我真不敢想像。要知道，從故宮到學校至少有八公里的路程。我們平時坐公共汽車要坐六站，就算不堵車也需要二十分鐘，下車後，還要步行一大段路才能到達教室。

第二天早晨，我比平時起晚了，睜開眼睛的時候，時鐘已經指向了七點二十分。我急匆匆地邊穿衣服邊收拾書包。

「我看你來不及吃早飯了。就算現在出發，你也要遲到了。」媽媽不緊不慢地說。

「我肚子餓扁了，就算遲到，我也要吃飯。」

現在剛剛七點二十五分，我拿起油條和雞蛋大口地吃着。吃過一頓豐盛的早飯後，七點三十五分，我穿好外套出了門。從西三所走到乾隆花園，路程不算近，我抄近路也用了十分鐘才走到。符望閣在乾隆花園最後一重的院子裏，這又花了我三分鐘的時間。七點四十八分，我站在了符望閣的前面。兩分鐘後，也就是七點五十分，楊永樂出現了。

「早！」他看起來十分輕鬆，「跟我來吧！」

我熱切地小跑跟着他。我們溜進符望閣的大門，繞過迎面的小戲台。符望閣是一座三層高的閣樓，在故宮裏算

不上是大宮殿。但僅僅是它的一層就被分割成了二十多個小巧、精緻的房間。裏面一個房間套一個房間，像一座室內迷宮，很容易讓走在裏面的人迷路。所以，符望閣又被叫作「迷樓」。自從這裏被重新維修好以後，我只跟着媽媽進來過一次。不過，楊永樂似乎經常會溜進來睡覺，所以他對這裏特別熟悉。

閣樓裏散發着沉香木的悠悠香氣。我們經過沉香嵌玉的花窗，穿過百寶鑲嵌的小門，最後來到一面大圓鐘前。這裏沒有窗戶，也沒有開燈，一片昏暗。金黃色的大鐘掛在牆面上，在黑暗裏散發着淡淡的光。大鐘的兩側各有一扇只有一人寬的小拱門。「這是雙面鐘吧？」我問楊永樂。

熟悉故宮的人都知道，符望閣裏有一個巨大的雙面鐘。這個雙面鐘是乾隆皇帝的寶貝，它不像其他大多數鐘錶一樣是從國外進口的，而是宮廷工匠們自己製造的。

「沒錯，是雙面鐘。」楊永樂點點頭，「我們到了，你跟緊我，別走錯路。」說完，他關掉手裏的手電筒，鑽進了大鐘左面的小門。我快步跟在他後面。拱門的門面如同被水滴攪亂的水面一樣在我們周圍蕩起了空氣波。只聽「咚」的一聲，一道紅光閃現，我和楊永樂進入了一條奇怪的隧道。隧道前後相通，周圍都是彩色的霧氣，星星一樣的光點在霧氣中閃爍着。我感覺自己簡直像是走進了蒸汽

浴池。

我回頭望去，隱約能從身後的洞口看到符望閣裏的景象。而我前面不遠處，似乎有一面半透明的玻璃牆，玻璃牆的另一側，正是我們的學校！學校的大門敞開着，保安守在門口，看着無數的學生匆匆忙忙地奔向教室。

楊永樂帶着我慢慢朝玻璃牆那端走去。沒走幾步，我們就來到了玻璃牆前，他衝我得意地一笑，然後大跨步地邁進玻璃牆，我也趕緊跟着邁了過去。一秒鐘後，我們走進了刺眼的陽光中。我發現，自己已經站在了學校大門前。

「嘿！快點吧，孩子們，還有不到十分鐘就上課了！」保安在旁邊催促着我們。

「好的。」我往前跑了兩步，又忍不住回頭看。就在我身後不遠處，一個淡淡的光圈像肥皂泡一樣飄到半空中，消失了。我和楊永樂衝進學校，一分鐘都沒有遲到。

「太神奇了！你怎麼發現它的？」下課時，我沒忍住，就又去了楊永樂他們班問他。

「偶然發現。那天我躲在符望閣裏睡覺，起晚了，慌忙中走錯了門，結果就發現了它……我們放學後再聊這件事怎麼樣？」楊永樂小聲對我說。離他不遠的地方，一個男生正在衝他做鬼臉。

「我有個問題，等不到放學。」我着急地說。

「好吧，快問吧。」楊永樂無奈地說。

「你有沒有辦法讓我們放學回家也使用那條通道？」

「沒有。」他乾脆地答道，「只能坐公共汽車回家。」

「太可惜了。」我失望地說，「既然是通道，它應該是雙向的，不是嗎？雙面鐘也是雙向的。」

「學校裏可沒有符望閣那樣的地方。」楊永樂開始轟我走了，「你快回去吧，要上課了。」

「好吧。那放學後我去失物招領處找你。」

「好，好。」他扭頭回到了教室裏。

那天晚上，我沒能去失物招領處找楊永樂討論那條神奇的雙面鐘通道。我接到了媽媽的電話，她說晚上不加班，讓我放學後直接回家。

直到一個星期以後，我才有機會再住在故宮裏。這一個星期中，我在學校裏碰到過楊永樂幾次。他好像有話想對我說，但每次都礙於身旁的男生們而沒說。所以，那天放學後回到故宮，我第一件事就是跑到失物招領處找他。

他正坐在書桌旁思考着甚麼，眉頭緊鎖。「喂！你怎麼了？」我問，「不會是我們的寶貝通道出甚麼問題了吧？」

「使用方面倒沒甚麼問題。」楊永樂抬起頭說，「不過，我最近一直在想，這條通道是甚麼時候出現的？」

「你想這個幹嗎？」我笑了，「它說不定就像《哆啦Ａ

夢》裏的任意門，是外星人的產物。」

「我覺得不是。」他搖搖頭，「它應該是在清朝的時候形成的，說不定就是乾隆朝重修符望閣後出現的……」

「究竟發生了甚麼事？」我開始覺得問題並不簡單了。

「我遇到了一些奇怪的事情，在通道裏。」

接着，他開始給我講述自己的奇遇。也就是我和他一起使用過雙面鐘通道的第二天，楊永樂自己穿過通道去上學。因為跑得有點急，他不小心撞到了一側的霧牆上，沒想到，他居然一腳踏進一個大窟窿，掉出了通道。

就在他覺得肯定沒命的時候，卻發現自己掉進了一片軟綿綿的雲霧裏，而雲霧的下面，站着兩個很小、很小的人。他們比螞蟻大不了多少，楊永樂費了很大力氣才看清他們的樣子。他們穿着長袍，戴着帽子，無比震驚地看着楊永樂。而楊永樂也無比震驚地看着他們。

他們像被定在了原地，眼珠都快瞪出來了。他們身上的衣服，楊永樂看起來很眼熟，非常像清朝時期的官服。忽然，兩個小人兒齊刷刷地跪在地上，開始給楊永樂磕頭。他們張大嘴巴，似乎在說些甚麼，可惜聲音太小，楊永樂沒能聽清。

楊永樂抬起頭，發現通道的輪廓就在離他不遠的上方。於是，他找到窟窿，手腳並用，費了很大的力氣，才

迷樓

77

重新爬回了通道。儘管這樣，那天他上學還是遲到了三分鐘。

第二天，楊永樂比平時提前二十分鐘來到符望閣。這次，他想來一場冒險。他進入通道，依照記憶找到了霧牆後面的窟窿，然後，深吸了一口氣，跳了下去。

他們依舊在那兒！兩個清朝官員，他們連衣服都沒有換，還是穿着長長的官服，戴着官帽。看到楊永樂出現，他們一動不動，滿臉敬畏。不一會兒，兩個官員身邊又走過來一個小人兒。他穿着金黃色的長袍，看起來像是「皇帝」。楊永樂看見兩個人向「皇帝」施禮。「皇帝」向楊永樂叩了三個頭，就站起來大聲唸着手裏的書稿。但可惜，楊永樂一個字都聽不清。

楊永樂非常好奇，這位清朝的「皇帝」想和他說甚麼，於是，他伸出手輕輕一捏，就把他手裏的書稿拿了過來。書稿是寫在絲綢上的，但是字太小，楊永樂瞇着眼睛也看不清。於是他把書稿握在手心，爬回了通道，衝到了學校。

跑上教學樓前的台階，楊永樂並沒有朝教室的方向去。相反，他朝着二樓化學小組的實驗室跑去。如果他沒有記錯，那裏應該有兩台高倍顯微鏡。

化學小組的實驗室沒有人，大家都在上課，不會有人來做實驗。楊永樂順利地找到了顯微鏡和載玻片、蓋玻

片。他把手心裏的絲綢夾在載玻片和蓋玻片之間。上面果然有字跡——有的字他認識，有的字不認識。

「那上面寫了甚麼？」我好奇極了。

「全是關於天氣的問題。」楊永樂說，「我真不該拿那塊絲綢，那一定是清朝時祭祀天神的玉帛。現在，他們肯定在等天神的答案。」

「天氣？甚麼時候的天氣？」我問。

「乾隆年間的。」楊永樂說，「我哪兒知道二百多年前甚麼時候會下雨？甚麼時候會有天災？」

我坐着思考了一會兒。「這不難。」我說，「你不知道故宮圖書館裏有本叫作《晴明風雨錄》的書嗎？裏面記錄了清朝時期大部分的天氣狀況。」

「你為甚麼不早說？」楊永樂一下子跳起來，衝出失物招領處，朝着圖書館的方向跑去。

當天晚上，我們用最細的筆和最小的字，把答案寫在一張稍微大點的紙條上。等到第二天早晨，我們穿過雙面鐘通道的時候，楊永樂小心地把小紙條扔給了小人兒們。

他們果然在等天神的回答。不過不只是三個人，這次足足有幾十人。他們排着整齊的隊伍，舉着不同顏色的小彩旗和木牌，虔誠地望着楊永樂。楊永樂的紙條撞倒了一排人，好不容易才被他們抓住。通過通道的窟窿，我發

現，雲霧之下應該是一座高聳的山峯，小人兒們應該是站在山峯的頂端。

走出通道後，我覺得輕飄飄的。

「他們不會把我們當作神仙了吧？」

「估計是。」楊永樂一臉驕傲，「真沒想到，雙面鐘通道居然是從清朝乾隆年間的時空穿過的。從另一個角度來說，這些小人兒是我們祖先。我們幫助我們的祖先預測了天災，讓他們提前有所準備，我想我們一定救了很多人。說不定，他們會把我們倆的樣子做成雕像，或畫下來。」

「是的，我們一定救了很多人的命。」我突然覺得有哪兒不對，「不過，這樣一來，我們是不是就改變歷史了？這樣真的好嗎？不會出亂子吧？」

「有甚麼不好？我們又沒造成甚麼危害。我們在做好事。」楊永樂也有點緊張了。

「希望如此。」

就在這時，上課鈴響了，我們連忙衝進學校。那天，直到睡覺前，我們倆都被大量的作業壓得喘不過氣，根本沒時間討論小人兒的事情。

新的一天來了，我和楊永樂七點三十分進入符望閣，輕車熟路地走到雙面鐘前面。我們留了點時間，觀察小人兒們今天的動向。雙面鐘看起來和往常沒甚麼不同，但當

我們走進左邊的小門時，卻甚麼都沒發生。沒有響聲、沒有紅光，也沒有空氣蕩起的波紋，如正常的門一樣。我們穿過小門，來到了另一側，那是符望閣裏一個鋪着地毯的小房間。

「怎麼回事？通道呢？」楊永樂的眼睛瞪得老大。

「我怎麼知道？」我着急地看着手錶。除非使用通道，否則我們可能連學校的第一節課都趕不上了。

「發生了甚麼？」楊永樂茫然地站在雙面鐘前。

「先別管發生甚麼了，通道沒了，我們只能去趕公共汽車了！」我拉着他大步跑出符望閣。

通道消失的那天晚上，龍大人派梨花把我們叫到了雨花閣。梨花告訴我們，龍發了很大的脾氣。「你們應該知道我叫你們來的原因吧？」龍大人滿臉怒氣地盤坐在屋頂上，聲音沙啞地問，「或者說，你們知道自己闖下的禍吧？」

「您已經知道了？龍大人，關於符望閣……」我大吃一驚——這也太快了。

「是的。瞬移通道消失了。」龍壓着怒氣說，「不過，我是在昨天晚上才知道誰使用了它，你們又幹了些甚麼。」

「我們就是用它上學……」楊永樂還想隱瞞甚麼。龍狠狠地盯了他一眼，他立刻閉上了嘴巴。

「我說過，我已經知道你們都幹了甚麼。如果是其他不懂規矩的小孩也就算了，你們 —— 楊永樂和李小雨，你們知道故宮裏古老的規則，你們應該明白，歷史不容改變！」

龍從來沒有這麼嚴厲地對我說過話。我的眼淚一下湧了出來：「是的……不過，我們沒有做壞事。」

「對於歷史來說，任何改變都是壞事，因為哪怕一丁點改變也會造成現實中人類世界的混亂。」龍大聲說，「你們成功預測了天災，就會導致上萬人因為你們的預測而存活。他們的後代會讓現實世界增加上百萬甚至上千萬人。」

「天啊！我沒想到……」楊永樂震驚得不知所措。

「你們沒想到的多了，人口數量改變，只是這一系列改變中最微不

足道的一環。」龍眼中的怒火都快把我灼傷了。

「現在怎麼辦？」我有氣無力地問。

「怎麼辦？」龍冷笑了一聲，「你以為昨天晚上故宮裏所有的神仙和怪獸都在幹甚麼？大家都在為彌補你們的錯誤而費盡力氣！」

「成⋯⋯成功了嗎，龍大人？」楊永樂結結巴巴地問，他臉色慘白。

龍長長地呼出一口氣：「總算沒有白忙。」

「太好了！」我用手捂住臉。

「我們關閉了那條危險的通道。」龍大人說，「其實那裏有兩條通道，我們這次都關掉了。值得慶幸的是，你們只進了穿越過去時空的那條通道，要是進了穿越未來那條⋯⋯連我們都沒有辦法了。」

「您說穿越未來的那條通道，難道是雙面鐘右面的那個小門？」楊永樂的臉上又浮現起好奇的表情。

「沒錯。」

「啊，真可惜，我差點就⋯⋯」楊永樂居然惋惜起來。

龍大人的臉都氣紅了：「我保證，你永遠沒機會去見識那條通道了！」

迷樓

┃故宮小百科┃

符望閣：乾隆花園，即是寧壽宮花園。符望閣是乾隆花園的第四進院落，亦是其中最高的建築，在上面可一覽紫禁城內外的美景。符望閣於乾隆三十七年（1772年）建，嘉慶七年（1802年）修，光緒十七年（1891年）重修。符望閣整體形制模仿建福宮花園的延春閣，平面呈方形，外觀兩層，內實三層，四角攢尖頂。室內被分割成許多小房間，每間房間的裝修、佈置都不盡相同，走在其中往往會迷失方向，就像進入了迷宮一樣，所以有「迷樓」之稱。

6
果然的悲劇

我被跟蹤了，在秋天的黃昏。

天已經黑了，只剩下遠遠的西山邊還有些光亮。我是忽然間察覺的，在矇矇朧朧的黑暗裏，有一雙眼睛在注視我，有一雙腳在跟蹤我。可是，我的視線所到之處卻捕捉不到他。他閃得好快！我一回頭，他就「咻」地不見了。他一路跟着我，我能感覺到。有的時候，我明明聽到背後「呼啦、呼啦」響，但剛一轉身，動靜就沒有了 —— 就像是甚麼東西一下子鑽進了地底下，連影子都找不到。

「不會是鬼吧？」想到這兒，我不禁打了個寒戰，加快了腳步，頭也不回地朝媽媽的辦公室跑去。我以最快的速

度倉皇逃回媽媽的辦公室，一頭扎進屋子裏，並反手鎖了門。我甩掉鞋子跳上牀，把頭埋進被子裏，渾身發抖。

「你怎麼了？」媽媽走過來，「天氣有那麼冷嗎？」

「沒、沒甚麼。」我深吸了一口氣，抬起頭，「晚餐吃甚麼？」

「今天晚上食堂有乾燒鯽魚。」媽媽微微一笑，「我給你帶回來了。」

「太好了，我餓壞了。」

媽媽把保溫飯盒遞給我：「肚子餓的時候，就特別容易感覺冷。」我接過飯盒，長舒了口氣。温暖的燈光，媽媽的微笑，辦公桌上亮着的電腦顯示屏，這一切讓我覺得安寧了一些。我靠在牀上吃飯，乾燒鯽魚真的很好吃。

「媽媽，你說故宮裏會有甚麼壞東西嗎？」我邊吃邊問。

「能有甚麼壞東西？」媽媽笑了。

「比如⋯⋯鬼？」

媽媽不在意地說：「別瞎想了。」

晚飯後，媽媽讓我去東華門門衞那裏幫她取一份快遞。說實話，我真不想今天晚上出門。但媽媽覺得，我吃飽飯後應該出門走走。我雙手插在衣兜裏，沿着天街往東走。四周黑暗一片，只有少數的路燈亮着。我眼睛盯着地

面，走得很快。今晚的故宮，讓我有點害怕。

鞋帶鬆開了，我只好蹲下來繫鞋帶。一陣冷風從我身邊吹過，吹過空曠的大殿，蕭瑟而淒涼的聲音飄蕩在天地間。我站起身來，感覺到乾清門上好像有甚麼動了動。我抬頭看去，身體一下子變得僵直。乾清門黃色的琉璃瓦上，有一個猴子似的怪獸，正趴伏着，靜靜地看着我。

借着不算明亮的月光，我大概能看清他的樣子。他的個頭比一般猿猴稍大，約一米高。他的臉是白色的，面頰上有黑色斑紋，鼻孔朝天。他的尾巴很長，末端有分叉，白底黑紋的皮毛看起來非常光滑，在月光下閃着朦朧的光澤。

說實話，雖然已經看慣了各種形態的怪獸，但我仍然不喜歡他的模樣。他的眼神是如此悲傷，讓我覺得不舒服。

「你是誰？」我後退了幾步。

「果然。」他回答。果然？我在《獸譜》裏好像見過這個怪獸名字，但書裏關於他的介紹，我一點都想不起來。

「果然，我知道你是從《獸譜》裏跑出來的，我想你最好回到書裏。你不屬於這裏。」我說。果然沒有說話，他慢慢地朝我移動。我想往後躲，但發現自己動不了。我的腿變得沉重，胸口像堵了一塊大石頭。我周圍的一切似乎都在褪色，變成黑白世界。

果然離我越來越近，他爬到門柱上，距離我的頭頂只有不到一米。我想求救，卻動不了，像有一雙無形的手死死地拉住我，將我固定在原地。

　　然後，我聽到了「嗚嗚……」的號角聲，聲聲急切。漸漸地，號角聲像是有了形狀，逐漸成為清晰的圖像——那是一片古老的森林，在深邃的大山裏，那是果然的世界。果然居然通過這種方式向我講述他的故事！

　　場景在我的腦海裏展開：

　　茂密的、一望無際的森林裏，大片不知名的樹盛開着淡粉色的花，一直延伸到山的背面。忽然，「嗚嗚……」的號角聲響起來，緊接着是獵狗們刺耳的狂叫聲。在粉色的花海中，一個白色的果然正如閃電般穿過森林，獵狗們緊追其後。

　　果然跑得可真快，獵狗們拚命跑也追不上他。騎馬的獵人們拿起弓箭，從後面「啪、啪、啪」地朝他射去，但弓箭也趕不上果然的步伐。就在我以為果然可以順利逃脫時，又一隊獵人卻迎面而來。他們攔住果然的去路，把他包圍在一個大圈子裏，並小心翼翼地縮小圈子，將他圍在裏面。

　　果然無路可逃了，獵狗們瘋狂地朝他衝過去。

「噗！」一支箭射中了果然。他尖叫一聲，倒在了樹下。獵人們拉住獵狗，不讓牠們靠近死去的果然。接着，他們扔下果然，離開了樹林。很快，森林裏發出了「唰唰」的響聲，幾十個果然從四面八方的山林裏趕來。年老的走在前面，年輕的走在後面。他們圍着死去的果然，露出傷心的神情，哀傷地叫着「果然、果然」，祭奠着他們死去的同伴……這是一場果然的葬禮，讓人忍不住感到悲傷。

然而，就在這時，獵人們衝了回來。他們好像早已預知會有大批的果然到來。獵狗們衝向果然們，但奇怪的是，沒有一個果然逃跑。他們圍在死去的同伴身邊，不願意離去。獵人們笑了，然後舉起了弓箭和刀……

接下來的場景是，果然光滑的皮毛被裁縫們拼在一起，製作成溫暖的褥子，鋪在貴族們的牀上。裁剪剩下的皮毛被用來包裹車軸，從工匠們小聲的討論中，我聽到了「精靈車」這個名字……

接着，我腦海中的場景越來越模糊，然後忽閃一下，便消失不見。我跌跌撞撞地往後退，後腳跟絆到台階上，摔倒了。我趕緊跳了起來，擦掉手上的土。果然還趴在門柱上，幾乎和宮殿融在了一起。獵人的號角聲消退了，

「呼」的一道白影閃過後，果然也不見了。我轉身就朝中和殿跑去，見到角端的時候，我累得幾乎喘不過氣來。

「好久不見啊，小雨。」角端正在宮殿門口賞月。

「角端，關於果然，你知道多少？」我直接問，連禮貌都顧不上了。

「果然？」

「那種怪獸，果然，長得像猿猴。」

「啊！果然獸啊，他們是難得溫柔的怪獸。」角端說，「你們人類怎麼稱呼他來着？哦，對了，『仁獸』。」

「仁獸？仁義的怪獸嗎？」

「是的。和大多數怪獸喜歡獨來獨往不同，果然喜歡一大羣生活在一起。他們尊重年老的

怪獸，愛護年幼的怪獸；吃東西時互相謙讓；如果一個果然陷入危險，其他所有的果然都會去救他。所以，他們被人類認為是仁義之獸。」

「他們會傷人嗎？」我急着問。

「果然不會傷害任何生靈。哪怕有人傷害他們，他們都不會反擊。」

「那人類為甚麼要殺死他們？」我想起那可怕的場景，「難道他們的肉好吃？」

「果然的肉很難吃。」角端看着我說，「但他們身上的皮毛溫暖而珍貴。很長一段時間裏，人類都非常喜歡他們的皮毛，甚至認為只要睡在這樣的皮毛上就不會得病。還有，果然是有神力的怪獸，他跑動的速度快如閃電。人類會把他的皮毛裹在車軛上，這樣馬車就會如有神力，跑得飛快。」

「精靈車……」

「你怎麼知道叫『精靈車』？這個名字已經失傳很久了。」角端有點吃驚，「以前交趾的獠人獵手們最喜歡捕殺果然，除了獲取他們的皮毛，也為了彰顯自己的本領。誰讓果然是森林裏跑得最快的怪獸呢？獵人們不會去追逐蝸牛或者烏龜，只有那些傳說中的像風一樣快的怪獸才會被他們當作目標。而一旦他們追上一個果然，收獲將是巨大

的。因為一個死亡或受傷的果然，會引來大量的同伴。那些同伴為了他，根本不會顧及獵人的刀、劍，最後也都會成為獵人的戰利品。」

「這算是甚麼怪獸啊？任人宰殺！」我非常生氣！

「這就是他們的命運，也是他們的悲劇。」角端幽幽地說，「因為這種性格，也有人把果然視為仙靈，把果然稱為仙猴，把他們仁義的行為用文字記錄整理進書籍。但是，這仍然不能避免果然滅絕的命運。」

「果然滅絕了？」

「是啊，動物能滅絕，怪獸就不能嗎？畢竟怪獸與動物也只是一線之隔。」角端說。

「可是我看到他了啊！」我的心跳幾乎停止了，「就在剛才，在乾清門上！他給我講了他們被獵人追殺的故事，不是用語言，而是用心靈感應。」

「果然？」角端問，「你看到的應該是《獸譜》中果然的影子吧？」

「《獸譜》中收錄的只有怪獸的影子？」

「不全是。對於沒有滅絕的怪獸，你有時候能看到實體。但是像果然這種已經滅絕的怪獸，剩下的也就只有影子了。」角端回答。

「所以，那個果然並不存在？」

「是的，你只是偶然看到了一個果然的影子，甚至只是一段悲傷的記憶。」角端說，「果然很早以前就消失了，他們已經成為過去，除了人類書籍中的記載，沒有留下任何痕跡。」

「……」我眼睛一酸，差點流出眼淚，那是一種說不出來的悲傷。風吹過地面，發出「唰唰」的響聲，讓我又想起了果然們悲哀的叫聲。

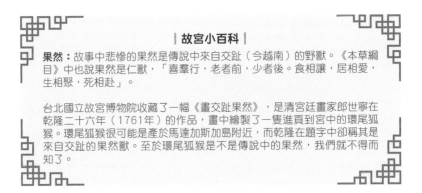

▌故宮小百科▐

果然：故事中悲慘的果然是傳說中來自交趾（今越南）的野獸。《本草綱目》中也說果然是仁獸，「喜羣行，老者前，少者後。食相讓，居相愛，生相聚，死相赴」。

台北國立故宮博物院收藏了一幅《畫交趾果然》，是清宮廷畫家郎世寧在乾隆二十六年（1761年）的作品，畫中繪製了一隻進貢到宮中的環尾狐猴。環尾狐猴很可能是產於馬達加斯加島附近，而乾隆在題字中卻稱其是來自交趾的果然獸。至於環尾狐猴是不是傳說中的果然，我們就不得而知了。

7
神童的世界

　　狐仙集市上擠滿了客人。密密麻麻的攤位上方，瀰漫着各種各樣的叫賣聲。

　　「快來買我的年糕啊！來買啊，快來買啊！糖年糕、紅豆年糕、八寶甜飯、豆沙圓子還有鬆糕，都好吃得不得了啊！」這是箭亭狐狸媽媽的聲音。

　　「新酒！今年新釀的果子酒，來嚐嚐哦！別錯過！」黃鼠狼們的酒攤今年又推出了新品種。

　　「亮眼的綢布哦，彩虹色！正適合做秋冬的衣裳，眨眼間就要賣光啦。」花仙們叫賣的聲音細細的，像唱歌一樣。

　　我和楊永樂路過黃鼠狼的酒攤時，聞到一股濃濃、

甜甜的桂花味。「甚麼酒這麼香？」楊永樂問賣酒的老黃鼠狼。

「桂花稠，要不要嚐嚐？」老黃鼠狼把一杯黏糊糊的、乳白色的飲品端到我們面前。楊永樂聞了聞，有點遺憾地搖搖頭：「我們還是小學生，不能喝酒。」

「桂花稠不是酒，是飲料。不信你們嚐嚐，一點酒味都沒有。」老黃鼠狼笑瞇瞇地說。他叫黃二爺，是住在酒窖的黃鼠狼。他佝僂着背，年齡大得誰都說不出他的歲數。自從有了狐仙集市，黃二爺一直在集市上賣黃鼠狼們釀的酒。

「放心喝吧，保證不會醉的。先嚐嚐看。」黃二爺熱情地招呼着。楊永樂禁不住誘惑，接過老黃鼠狼爪子裏的小杯子，那裏面只裝了一點點桂花稠。他一口就喝光了。

「哎呀！我頭一次喝這樣好喝的飲料。」他讚歎着，「你一定要嚐嚐，小雨。」

我接過一杯嚐了嚐，是一股桂花糖的味道，確實像是飲料，不像酒。我一口氣喝了五杯，開始覺得臉有點發熱。楊永樂則一杯接一杯地喝個不停。

「喂！別喝了，再喝我的錢都不夠付賬的了。」我搶過他的杯子。喝桂花稠花光了我兜裏所有的錢。於是，我們只能離開狐仙集市。楊永樂嚷嚷着頭暈就先走了，留下我

一個人慢慢往回走。

我沿着宮牆一路向前，不知道怎麼回事，眼前的一切變得朦朧起來。忽然，一座高大的宮殿擋住了我的去路。我抬頭一看，匾額上寫着「崇敬殿」三個字。崇敬殿？我怎麼走到重華宮來了？重華宮本來是乾西五所中的第二所，乾隆皇帝還是皇子的時候住在這裏。他結婚以後，被封為「和碩寶親王」，住地被賜名為「樂善堂」。後來，他登基做了皇帝，樂善堂被升級為重華宮。而崇敬殿就是重華宮的前殿。

看來我真是暈了，想去西三所，卻走到了方向相反的重華宮。我晃晃腦袋，扭頭往回走。然而，就在這時候，崇敬殿的大門「吱呀」一聲被打開了。

「啊？」我被嚇了一跳，腦袋都清醒了。

我看到前面出現一個小男孩，他至少比我矮一頭，胖乎乎的，看樣子應該是上幼兒園的年紀。他穿着長袍馬褂，腦袋後面拖着一條細得不能再細的小辮子。

「喂！你是誰家的孩子？怎麼跑到這兒來了？」我稍稍蹲下來看着他。他忽閃着大眼睛也看着我：「我叫張永清，已經五歲了。姐姐你叫甚麼？」

「姐姐？」我心頭一熱。我是整個家族裏年齡最小的孩子，別說沒有親弟弟、妹妹，連表弟、表妹之類的都

沒有。這麼可愛的小男孩叫我「姐姐」，我感到說不出的舒服。

「我叫李小雨，你是誰家的孩子啊？」我溫柔地問。

「我爺爺叫張廷望。」張永清口齒清晰地回答道。

「是他帶你來故宮的？人呢？」我四處張望，黑乎乎的重華宮裏別說人了，連隻野貓的影子都沒有，「你知不知道，你爺爺是故宮裏哪個部門的？」

張永清搖搖頭：「小雨姐姐願不願意帶我玩？」

「玩？現在？」我搖搖頭，「天黑了，你應該去找你爺爺了。」

「我不去找我爺爺，我就要找你。」張永清大聲說，「我一眼看到姐姐，就知道姐姐是那個人！」

「那個人？甚麼人？」

「帶我玩的人。」

天啊，我不會被這小傢伙纏上了吧？我可不擅長哄小孩玩。

「我想你弄錯了。」我說，「我不會帶你玩的，因為我要回到我媽媽那裏去了。」

「不，我不會弄錯的。」張永清固執地說，「因為這是我的世界。在我的世界裏，所有的事情都會按我想的做。」

「你的世界？」我笑了，現在的「2010後」還真以為自己是世界中心呢，「它當然是你的世界，它也是我的世界、野貓的世界、螞蟻的世界……」

「不，這個世界只屬於我。」張永清搖着頭說，「忘了告訴你了，我是個神童。所以，這個世界是神童的世界。」

「神童？」我上下打量着他，「你怎麼是神童了？」

「我會背誦整本《樂善堂全集》。」張永清挺着小肚子說，「一個字都不會錯。如果你不懂那些文章的意思，我還可以給你解釋。」

「哇！那是挺厲害的。」

我見過《樂善堂全集》，很厚的一本書，裏面滿滿當當的都是乾隆當皇子時寫的古文和詩詞。一個五歲的小孩，能背那麼多古文，還知道其中的含義，肯定非常厲

害。不過，讓我感覺奇怪的是，我媽媽曾經說過，乾隆皇帝的詩詞和文章都寫得很差，張永清的家長為甚麼放着那麼多好文章不讓他背，而要讓他背《樂善堂全集》呢？還沒等我問出口，張永清已經拉着我的手往御花園的方向走了。

「嘿！你要去哪兒？」我不知道他看到狐仙集市後會不會被嚇到。

「去吃飯，我肚子餓了。」張永清回答，「我想吃肉火燒⋯⋯應該就在這邊。」他拉着我走進御花園，熟練地找到寶相花街上的狐仙集市。

「快點跟上我，小雨姐姐。」他嚥了一下口水，「我都聞到肉火燒的香味了。」

「狐仙集市怎麼可能有賣肉火燒的？你肯定弄錯了。」我無奈地跟着他。

他來到一個野貓的攤位前，一屁股坐到擺好的小板凳上：「到了！」

「不對，這裏是賣貓爪明信片的⋯⋯」我還沒說完，一股肉餅的香味就鑽進了我的鼻孔。我抬起頭，無比吃驚地看着以前賣明信片的攤位，現在卻烙起了肉火燒。

「這是怎麼回事？」我問忙着烙餅的貓老闆，「你從甚麼時候開始賣肉火燒了？」

「就在今天。」貓老闆笑着說,「我忽然拿到了一大包特別好的牛肉餡,就想看看賣肉火燒會不會更受歡迎。其實,烙餅一直是我最拿手的。你們要幾個?」

「四個!」張永清高興地說。

十分鐘後,四個肉火燒都被張永清吃進了肚子。

「你身上有錢嗎?」我小聲問他,「我的錢花光了。」

「我也沒有。」他搖着頭說,「不過,貓老闆不會要我們錢的。」

「不要錢?」這小子想得也太美了吧。

「我們需要付錢嗎,貓老闆?」張永清大聲問。

貓老闆搖了搖頭:「不用付錢。今天晚上是試營業,免費試吃。」

我目瞪口呆:「甚麼?」

「肉火燒味道不錯,很好吃,謝謝。」張永清已經在跟貓老闆告別了……

他拉我走出狐仙集市。

「你來過狐仙集市?」我一直以為,人類中只有我、楊永樂和元寶知道狐仙集市的存在。

「沒有,但我想御花園裏應該有個動物和神仙們的集市,這樣比較熱鬧。」張永清笑着說,「我並沒有給集市取名字,不過你說的『狐仙集市』是個很好的名字。」

「你說話真怪，我聽不太懂。」我實話實說，「神童都這麼說話嗎？」

「我解釋過了，這裏是我的世界。」他稍微比畫了一下，「在這個世界裏，所有的人和事情都是為了我而存在的。所以，我想要甚麼，這個世界就會有甚麼。比如你，我想有個姐姐陪我玩，然後你就出現了。」

「我還是不明白。」我腦袋都大了，「我都不認識你，為甚麼會出現在你的世界裏呢？」

「怎麼和你解釋呢？因為你出現在樂善堂了啊，在樂善堂做夢的人就會闖入我的世界。在這兒我說了算！」張永清神氣地說。

「難道我現在在做夢？」我怎麼會在樂善堂做夢呢？真奇怪。

我心裏琢磨着，是不是現在的小孩都這麼難纏？張永清已經拉着我的手走進了重華宮。

「你用不着弄明白，小雨姐姐。」他臉上掛着可愛的笑容，「我們要抓緊時間了，樂善堂裏還有好多人等着聽我講《樂善堂全集》呢。」

「講課？在這個時候？」我指了指黑暗無聲的院落，「你在開玩笑嗎？」

張永清思索了一會兒，然後邁步穿過崇敬殿和重華

宮，繞到後院，來到大門緊鎖的翠雲館。他走到東邊的長春書屋，輕輕敲了敲門。

「這麼晚了，裏面不會有人的。」我叫出了聲，「也許你能在狐仙集市上找到一隻臨時想賣肉火燒的野貓，但我敢打賭，現在你絕對變不出一屋子想聽課的人……」

書屋裏傳來了有人走動的聲音。緊接着，門被打開了。

一隻橘貓正眼巴巴地看着我們：「你們可來了，大家都等了好久了。」

我跟着張永清走進書屋，不由得驚呼出聲：「哇！」

屋子裏的確沒有人，但卻擠滿了野貓、刺蝟和黃鼠狼。他們規規矩矩地坐在地上，等着張永清給他們講《樂善堂全集》。

這到底是怎麼回事？野貓、刺蝟和黃鼠狼怎麼會對一本古文書感興趣？他們中大多數連字都不認識！我感覺自己快要暈過去了。張永清卻很高興。雖然他才五歲，但看起來他很喜歡給別人當老師，哪怕他的「學生」只是些野貓、刺蝟和黃鼠狼。他熟練地背着乾隆皇帝寫的文章和詩詞，並試圖解釋給他的「學生」們聽。但不到五分鐘，至少有一半「學生」都睡着了。

我不停地看手錶，越來越覺得自己在浪費時間。沒等張永清講完，我就離開了長春書屋。

沒想到，張永清卻追了出來：「小雨姐姐，你要去哪兒？」

　　「我要回去睡覺了，晚安！」我朝他擺擺手。

　　「晚安？可是你還沒陪我玩呢！」他氣得臉頰通紅。

　　「你還是找別人陪你玩吧。」我頭也不回地穿過院子。

　　「不行！你不能離開，你在我的世界裏，我不想讓你離開，你就不能。」

　　「我可不喜歡一個小孩和我耍威風。」我打了個哈欠，不想再跟他糾纏，「再見！」

　　「你……你還是要走？」他跺着小腳，「我會一直纏着你的！」

　　我長長地歎了口氣：「你沒有爸爸媽媽嗎？為甚麼要纏着我？如果這是夢，我希望它趕緊醒來。」我剛把這句話說出口，張永清「呼」地就變成了一個光球，光球輕盈地飛過宮殿的琉璃瓦屋頂，像煙花一樣衝進夜空。

　　然後，我醒了，是被貓爪子撓醒的。

　　「你怎麼回事？喵——」梨花正用爪子狠狠撓我的臉，「居然坐在這裏睡着了！」

　　「嗚！好疼！」我推開她的爪子，睜開眼睛，四周黑乎乎的，「這是哪兒？」

　　「崇敬殿。真奇怪，你怎麼在這兒睡着了？喵——」

梨花歎了口氣。我暈乎乎地站起來，眼睛也適應了黑暗。真的，我居然在「樂善堂」的牌匾下睡着了。

「哎喲！」我的腿都麻了，每邁一步都像有一羣螞蟻在裏面鑽來鑽去。

「你是不是喝酒了？喵——」梨花猛吸了幾下鼻子。

「沒有，沒有！」我趕緊擺手，「我喝的是桂花稠，黃二爺說那是飲料！」

「酒攤上怎麼可能賣飲料？你一定是被那隻老黃鼠狼騙了！」梨花皺着鼻頭說，「喝酒可是非常危險的事！剛才如果不是我及時趕來叫醒你，你肯定會着涼的。喵——」

「我知道了。」我沒精打采地說，「我再也不碰一滴酒。桂花稠也不碰。」

「算了，算了，你也是被騙了。快回去睡覺吧！喵——」梨花跟着我。我忽然想起來，問她：「你知道一個叫張永清的小孩嗎？」

「喵——那孩子啊，當然知道。樂善堂神童嘛！」

「他真的是神童？」我愣了一下。

「喵——張永清是乾隆親自封賞的神童。他是被他爺爺帶去見乾隆的，那時候他才五歲，最大的本事是可以一字不落地背誦乾隆寫的《樂善堂全集》。乾隆不信，當場測試，結果張永清不但能背，還能對文章一一講解。乾隆

高興極了，覺得神童出現是天下太平、文教昌明的表現。他專門為張永清作詩，還賞賜了這位神童好多禮物。」

「然後呢？」我好奇得連腿麻都忘了。

「聽說，張永清十四歲的時候，乾隆又召見了他。但那時張永清已經變成了一個普通人，連濟南府學都沒考上。這讓乾隆感慨了很久。」梨花說，「他長大成人後，多次去考科舉，但都沒有考上。最後還是乾隆看在『樂善堂神童』這個名號的份上，破例賞了他個舉人的頭銜。喵——」

「好可惜，他看起來挺聰明的，長得也很可愛。要不是他爺爺非逼他背乾隆皇帝那些爛詩，他應該會挺有出息的。」我開始同情張永清了。

「傳說張永清因為從小被捧為神童，自以為世界都圍着他轉，很不討人喜歡……等等！你怎麼知道他小時候長得可愛？他好像沒有留下畫像……喵——」梨花瞇起了眼睛，因為她聞到了新聞的味道。

「我不知道……也許我只是碰巧做了個夢。」我加快了腳步，想逃離她。

「夢？在樂善堂夢到張永清這絕不是巧合！你夢到了甚麼？喵——」梨花的眼睛亮了起來，每當她發現大新聞時就是這個樣子。

「沒夢到甚麼！」我跑了起來。

「快告訴我，喵──」梨花緊追不捨。

天啊！我怎麼又被這隻八卦貓盯上了？

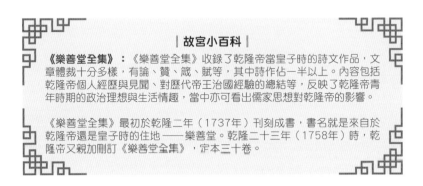

┃ 故宮小百科 ┃

《樂善堂全集》：《樂善堂全集》收錄了乾隆帝當皇子時的詩文作品，文章體裁十分多樣，有論、贊、箴、賦等，其中詩作佔一半以上。內容包括乾隆帝個人經歷與見聞、對歷代帝王治國經驗的總結等，反映了乾隆帝青年時期的政治理想與生活情趣，當中亦可看出儒家思想對乾隆帝的影響。

《樂善堂全集》最初於乾隆二年（1737年）刊刻成書，書名就是來自於乾隆帝還是皇子時的住地──樂善堂。乾隆二十三年（1758年）時，乾隆帝又親加刪訂《樂善堂全集》，定本三十卷。

8
大明星騶虞

　　約定見面的地點是禊賞亭，在乾隆花園裏，乾清宮的仙鶴一個月前在這裏開了一間茶社。

　　我和楊永樂是第一次來。茶社裏沒有桌子，也沒有椅子，只是在亭子裏流杯渠的旁邊放了幾個蒲草編織的坐墊。青灰色的流杯渠裏注滿了清水，彎彎曲曲得像一條小小的河流。幾個桃木做的小茶盤浮在水面上，裏面放着白色的茶杯，茶杯裏盛着淡綠色的龍井茶。茶杯順着水流一路流下來，停在誰的面前，誰就可以拿起來喝茶。禊賞亭裏沒有燈，只有幾顆夜明珠擺在亭子四角，發出淡淡的光亮。和怪獸食堂相比，這裏雅致多了。

楊永樂的客人正坐在流杯渠旁邊，舔着綠茶。他叫祥子，是兆祥所的野貓。兆祥所是一座小得不能再小的、寒酸的宮殿。整個院子裏只有兩間小屋子和兩間配殿，屋頂上連琉璃瓦都沒有。這裏曾經是皇帝占卜吉祥日期的地方，現在是職工活動中心。祥子是那個院子裏唯一的野貓。他是一隻黑白花貓，年齡已經很大了，眼神暗淡無光。

　　楊永樂滿臉笑容地坐在祥子對面，這是兩個月以來他的第一筆生意，所以無論如何他不能錯過機會。他特意叫上我一起來，就是因為我在野貓中的名聲不錯。楊永樂希望，我的出現能讓祥子對他的印象好一點。

　　不過，祥子根本沒注意到我。他看起來心事重重。

　　「喵——我想找一位保安。」祥子說，「不知道你願不願意幹？」

　　「保安？沒問題！我最擅長了。」楊永樂拍着胸脯說，「不知道你需要我保護哪兒？」

　　「當然是兆祥所，我一輩子都沒離開過那裏。喵——」祥子說，「我希望你每天晚上工作兩個小時，八點到十點，十點後你就可以下班。至於多久嘛……暫時先幹一個星期吧，也許時間會更長。誰知道以後的事呢？」

　　「兩個小時對我來說太簡單了。」楊永樂滿口答應，「報酬是多少？」

「我看過你在《故宮怪獸談》上登的廣告，就按照你寫的那個價錢怎麼樣？喵——」

「好！我今天晚上就可以開始！」楊永樂聲音裏充滿幹勁，但他還是謹慎地問，「不過，兆祥所最近發生甚麼事情了嗎？」

「的確發生了一些事情，不過，並沒有甚麼危險。我只是需要有人維持一下秩序。」祥子回答。

「維持秩序？」我感到奇怪，「可是兆祥所裏只有你一隻野貓和一個很小的老鼠家族。難道是老鼠們在鬧事？」

祥子瞪圓眼睛說：「當然不是，兆祥所的老鼠家族是古老又高貴的家族，絕不會做出甚麼出格的事情。我們的生活很平靜。這些年來，除了人類，很少有動物會來兆祥所。不過最近有些變化，太多的動物擠了進來，平靜的生

活一去不復返。這正是我需要僱用保安的原因。」

我更納悶了，問：「大家為甚麼會擠進兆祥所？那裏遠離其他宮殿，生活一點都不方便，院子又小，還經常會有人進進出出。」

「這的確是有原因的。」祥子含糊地說，「不過在你們發誓保密前，我不能告訴你們。」

「發誓？甚麼意思？」楊永樂嚇了一大跳。

「喵——在接受這份工作前，你必須要保證，不把所看到、聽到的一切告訴其他人類、動物、怪獸和神仙。」

楊永樂瞇起了眼睛：「你剛才說過，這份工作沒有危險，對嗎？」

「喵——這點我可以向你保證。」祥子挺直腰桿說，「如果發生甚麼危險，我可以賠付你十倍的工資。」

「十倍……好吧，那我可以發誓保密。」楊永樂點點頭說。

「你還需要更多的保安嗎？」我的好奇心被勾了起來，「我也可以試試。」

「當然，人手肯定是越多越好。畢竟活了這麼久，我還沒遇到過這種狀況。喵——」

「到底發生了甚麼？」我急着問。

祥子小心地看了看周圍。茶社裏除了我們，還有一位

正在喝茶的神仙和兩隻忙着沏茶的仙鶴。

「今天晚上八點，如果你們能準時來到兆祥所，就能親眼看到發生了甚麼。喵——」祥子神神祕祕地說。

「我們一定準時去！」楊永樂說。

離開禊賞亭，我和楊永樂去員工食堂吃了晚飯，然後一起回到我媽媽的辦公室寫作業。不得不說，楊永樂寫作業太磨蹭了。我們今天的作業內容差不多，但他足足比我多用了半個小時。直到距離八點只有十五分鐘了，他才終於合上了作業本。

從西三所到兆祥所要走挺遠的一段路。兆祥所在故宮裏的位置很偏僻，緊挨着東北角樓，我平時一年也去不了那裏一次。這是一個月色很好的秋夜，所有的宮殿彷彿都披上了一層銀霜。我們穿過兆祥所的大門。院子裏沒有路燈，漆黑一片，我們不得不在門口停留了一會兒，好讓眼睛適應這裏的黑暗。周圍很安靜，除了風聲，甚麼聲音都沒有。

楊永樂掏出手電筒，亮光照進院子。相比其他的宮院，這裏真是太小了，我們很快就能看清整個院子的情況。「真看不出來，這裏有甚麼需要保衛的。」楊永樂嘴裏嘟囔。

我們走到院子中間，看着四周，沒有任何讓人覺得奇

怪的地方。「我們要一直待在院子裏嗎？」我問，「現在晚上可是越來越涼了。」

「我不知道，先找到祥子再說。」他晃悠着手電筒檢查着院子裏的情況。

「我在這兒，喵 —— 」屋簷上傳來野貓的聲音，祥子探出頭說，「你們最好靠牆邊站，否則一會兒一定會被撞到。」

「甚麼意思？」楊永樂仰着頭問。

就在這時，不知道從甚麼地方發出了淡淡的亮光，還從極其遙遠的地方傳來很輕、很柔的古箏樂曲聲。楊永樂擦了一下鼻子，拉着我退到牆根處。我們對面的偏殿裏似乎有些動靜，於是楊永樂把手電筒照向宮殿的大門。一個怪獸正穿過那扇門走出來，我和楊永樂不禁「啊」了一聲。

「是誰？」我叫道。

在七彩光線的環繞中，怪獸向外走來。他渾身雪白，無論是身形還是相貌都長得十分像老虎。他身上有黑色的斑紋，身後拖着一條特別、特別長的尾巴。

更令人吃驚的是，在怪獸走出門的瞬間，無數的野貓、刺蝟、黃鼠狼、老鼠、松鼠等不知道從哪裏躥了出來，牠們撞開兆祥所的大門，如潮水般湧進院子。而天空中，密密麻麻的鳥兒如烏雲般飛來，甚至遮住了明亮的

月光。

「這……這是怎麼回事？」楊永樂被嚇得不輕。

動物們都在呼喚着同一個名字：「騶虞！騶虞！」

只有野貓祥子在大叫着：「喵——保安！保安！」

我和楊永樂硬着頭皮衝進擁擠的小動物們中間，但這對維持秩序似乎沒甚麼用，反而使隊伍更加混亂。楊永樂忙着把爬到他身上的松鼠和老鼠拽下來。我則不停地為自己踩到刺蝟或者野貓的腳而說着「對不起」。

「去騶虞身邊！喵——」祥子終於給出了明確的命令。

於是，我們費盡全身力氣，擠到了怪獸身邊，就像那些保護大明星的保鏢一樣，張開手臂，努力把騶虞與瘋狂的動物們隔開。

「大家鎮定！鎮定！」楊永樂狂喊，但沒有任何用處。

只過了不到十分鐘，我和楊永樂的臉和手上，就留下不少紅色的抓痕，腦袋和身上還落了好幾泡鳥屎。「我的天啊！這到底是怎麼回事？」我已經開始後悔來當保安了。

終於，騶虞說話了：「大家請安靜！不要擠，我不希望有任何動物受傷。」瞬間，院子裏安靜了下來。大家都用崇拜的眼神看着他，嘴裏嘟嚷着「不愧為仁獸」「好有愛心」「太帥了」之類的讚美之詞。

「我能問您一個問題嗎？」

這聲音可真耳熟，我轉過頭一看，舉起爪子提問的野貓果然是著名的「貓仔」記者梨花。

「當然，我今天準備回答大家十個問題。」騶虞優雅地點點頭。院子裏發出一陣歡呼聲。

「您是因為演出《怪獸與牠們的產地》而在世界上出名，不過為甚麼電影裏的騶虞和您長得不太像？喵——」梨花的提問很專業。

「他們覺得把我化妝成那樣更上鏡。都是因為《山海經》裏說我長得五彩斑斕的。」騶虞無奈地回答。

「我倒是覺得現在的您更帥氣一些。」梨花奉承說，「喵——中國的怪獸那麼多，您覺得自己為甚麼能入選這部荷里活電影呢？」

「主要是因為我不吃活物，生性仁慈，脾氣又好。這樣起碼保證了電影工作人員的人身安全。而其他很多怪獸都喜歡吃肉，越古老的怪獸越是這樣。」騶虞微笑着說，「另外，我跑得很快，能帶着『小雀斑』到處跑。」

「小雀斑是誰？」一隻小老鼠插嘴問。

「電影裏的男主角，大明星。他的真名叫艾……迪甚麼甚麼曼。」騶虞皺着眉頭回憶，「算了，外國人的名字太長了，我總是記不住。他臉上長了許多雀斑，大家就給了他這麼個暱稱。我們很熟，一起拍了不少戲，所以私下我都

叫他小雀斑。」

小老鼠還想接着問甚麼，但被梨花一爪子壓了下去。「聽說相柳也去《怪獸與牠們的產地》劇組面試了，是真的嗎？他曾經出演過《翻生侏羅館》，演戲很有經驗。喵——」梨花問。

「是的，不過他沒被選上。相柳一點演技都沒有，只會本色出演。天天晃着他那九個頭，齜着尖牙盯着人流口水。在《翻生侏羅館》裏演個凶神還可以，演別的就不行了。他還差點把一個演員吞下去。還有一個演員不小心沾到了他的口水，在醫院裏躺了一個月，差點送命。我們的導演覺得拍電影必須安全第一，所以沒有考慮他。」

一隻黃鼠狼也想問問題，被梨花飛快地用身體擋住。「聽說白澤也去面試了？喵——」梨花接着問。

「那傢伙，給羅琳講了一天一夜的故事，嘴就沒停，當然選不上。」騶虞搖搖頭。

梨花還想接着問，但被她背後的黃鼠狼絆了一跤。「您不覺得您在電影裏的樣子像一隻京巴狗嗎？」黃鼠狼齜着牙問。

騶虞瞪了他一眼後，眼神直接越過了他。

「好，下一個問題。」騶虞微微揚起頭。

「您真的那麼喜歡逗貓棒嗎？」這次提問題的，是鐘錶

館的野貓淘淘。

「那是電影，我只是按照劇本演而已！編劇為了打開中國市場讓我參加演出，但看樣子她沒花太多時間來研究我的習慣和愛好。」騶虞惋惜地說，「其實我更喜歡唱歌。」

「我能問一個問題嗎？」我實在忍不住了，舉起了手。

「當然，我很高興人類的代表能提問題。」騶虞輕輕點點頭。

「您怎麼會出現在兆祥所？我從沒聽說過故宮裏有騶虞，之前也從沒見過您。」

騶虞吃驚地看着我說：「我一直待在故宮裏，只不過大多數時候我都躺在《獸譜》裏沉睡，這次能去荷里活參加演出，也是龍大人特許的。」

「所以，您是從《獸譜》裏跑出來的怪獸？」我被嚇了一跳。

「是的，《獸譜》封印被解除後，大家進出方便多了。」騶虞高興地說，「一到晚上，書裏就剩不下幾個怪獸了。」

我和楊永樂對望了一眼，都意識到問題有多麼嚴重。

「也許⋯⋯我們該報告龍大人，或者斗牛。」楊永樂湊到我耳邊說。

「不行！別忘了，你們是發過誓要保密的。喵——」

還沒等我回答，就聽到一個聲音從我們腳下傳來。不

知甚麼時候，野貓祥子已經站在我倆的腳邊，偷聽了我們的談話。

「喂！《獸譜》裏跑出來這麼多怪獸，你就不怕故宮裏亂成一團嗎？」我蹲下來問他。

「喵——別的怪獸我不管，但是騶虞不能回到《獸譜》裏去。」祥子固執地說。

「為甚麼？」

「你還看不出來嗎？喵——」祥子說，「我活了這麼多年，從沒見過兆祥所像今天這麼輝煌。你們人類不是說過嗎，騶虞出現在哪裏，哪裏就會有吉祥的事情發生。如果是你，你會把吉祥趕走嗎？」

這是甚麼歪理？我一時間腦筋沒能轉過來。

「反正別忘了，你們都發過誓！違背誓言是會遭天譴的。喵——」祥子用威脅的口氣說。

楊永樂忽然笑了：「就算我們不說，你以為這個祕密能持續多久？你看到頭頂上這些烏鴉了嗎？牠們都是故宮裏的大嘴巴。還有，梨花問了那麼多問題，你以為是白問的？我敢保證，明天騶虞的大照片就會出現在《故宮怪獸談》的頭版新聞上。」

「喵——真是太糟糕了！」祥子衰老的臉上露出了震驚的神情，「我怎麼忘了那份報紙……」

「你也不用太難過，天下沒有不透風的牆。」楊永樂安慰他。

楊永樂猜得一點都沒錯，第二天的《故宮怪獸談》上刊登了一整版關於騶虞的報道。但令我們沒想到的是，就在我們等着看怪獸們怎麼處理這件事的時候，卻發現兆祥所的小院子裏依然被擠得滿滿的。不！應該說，它比以前更擁擠了！因為，這裏不光有動物們，還有來追星的怪獸們！

騶虞這位怪獸明星，居然讓大家暫時忘記了《獸譜》危機，開始了一場故宮裏的集體追星活動。我和楊永樂都看到了野貓祥子臉上的笑容有多麼燦爛。

‖ 故宮小百科 ‖

騶虞：又名騶吾、騶牙，是中國神話傳說中的仁獸。《山海經·海內北經》記載騶虞是來自林氏國的珍獸。傳說中騶虞是一種獅首虎軀，白毛黑紋，尾巴很長的動物。騶虞天性仁慈，不會吃活着的動物，甚至連青草也不忍踩踏。

相柳：故事中提到的相柳是中國神話傳說中的蛇妖，長着九個人頭。據《山海經·海外北經》記載，相柳是水神共工的大臣。牠所經過的地方，都會變成沼澤。後來相柳被禹所殺，牠的腥血流經的地方草木不長，五穀不生。

9
眼光娘娘

「左眼 4.6，右眼 4.4。你的眼睛應該是近視了。」保健老師面無表情地把一張視力檢查表遞給我，並提醒道，「最好讓你媽媽帶你去醫院眼科檢查一下。」

對於這個結果我並不感到奇怪。大約一個月以前，黑板上的粉筆字在我的眼睛裏變得越來越模糊。那時候我就有了不祥的預感，但我沒告訴我媽媽。因為，我恨近視！

我身邊到處都是因為近視而戴眼鏡的人，我舅舅戴眼鏡，兩個表姐也是。教我的老師中只有體育老師不戴眼鏡。表姐告訴我戴眼鏡會變醜，而我本來就長得不夠好看，實在不想變得更醜了。所以，我打算對眼睛近視這件

事保密，誰都不說，連楊永樂都不說。

我把視力檢查表藏在牀底下，以為過不了兩天，我就會徹底把這件事忘掉。但實際上，每天我的眼睛都在提醒我：你已經近視了！黑板上的字我看不清；同學在遠處打招呼，我經常會認錯人；公共汽車上的車牌我只有瞇起眼睛才看得清……

傍晚，我去餵野貓們，梨花一眼就看出來了：「你的眼睛出問題了吧？喵——」

「沒有！」

梨花撇撇嘴說：「沒有？喵——剛才你找我的時候，眼睛都快瞇成一條縫了。」

「真的那麼明顯嗎？」我壓低聲音問。

「是的，喵——我說你啊，配副眼鏡吧。」梨花用一副大人的口氣說。

「我不喜歡戴眼鏡！」

「戴眼鏡有甚麼不好？喵——你本來學習不怎麼樣，戴上眼鏡會看起來像是個愛學習的好學生。」梨花總能說出稀奇古怪的理由。

「我才不要裝好學生。」我翻了個白眼，「我是不會戴眼鏡的。」

「喵——」梨花歎了口氣，說，「真固執啊，你這樣下

去眼睛會越來越糟糕的，除非⋯⋯」

「除非甚麼？」

梨花看了看周圍，神神祕祕地湊到我耳邊說：「除非眼光娘娘願意幫你，喵——」

「眼光娘娘是誰？」我瞪大眼睛問。

「小聲點，喵——」梨花瞪了我一眼，說，「眼光娘娘又叫眼光明目元君，是負責醫治眼病的女神仙。」

「故宮裏還有這麼一位神仙？我怎麼從來沒聽說過？」

梨花皺了下鼻子：「故宮裏的神仙多着呢，你怎麼可能都認識。喵——」

「她在哪兒？」我着急地問。

「你去南薰殿碰碰運氣吧。喵——」梨花甩了下尾巴說，「要是眼睛治好了，別忘了給我謝禮啊。」

南薰殿是明朝時期建成的一座古老宮殿。它藏在故宮的西南角，很少有人知道這座宮殿的存在。聽說，這座宮殿以前是供奉帝王賢臣畫像的地方。故宮成為博物館以後，這裏曾經是警犬們的家，警犬們三年前搬走後，它就被當作臨時庫房使用。不過現在，故宮院方正準備整修南薰殿。聽說，南薰殿以後會變成故宮的「家具館」，專門展覽明朝和清朝時期的家具。

我急匆匆地朝着南薰殿跑去。沒想到，路過武英門的

時候，我居然迎面碰到了楊永樂。

「你到哪兒去，小雨？」楊永樂問。他手裏攥着幾塊吃排骨剩下的豬骨頭。那可是他的寶貝，不知道他從哪本書裏看到，很久以前薩滿巫師會用豬骨頭占卜未來。

「不到哪兒去。」我飛快地溜走了。我默默拐過寶蘊樓，走進南薰殿的院子裏。宮殿前的地磚縫裏長了不少雜草，風吹過，草葉發出「沙沙」聲，像是在說悄悄話。

南薰殿柱子上的紅漆都快掉光了，大殿寒酸破舊。厚厚的塵土蒙住了菱花窗，大門歪斜，勉強掛在那裏，露出了一人寬的門縫。我沿着外廊走到門前，鑽過門縫時，緊張得深深吸了口氣。宮殿裏黑暗而空曠，倉庫裏的大多數東西都被搬走了，只剩下不多的幾個箱子和幾個畫匣。

眼光娘娘在哪兒呢？我隨手打開面前的畫匣，裏面有一副女神的畫像。她穿着五彩的長裙，頭戴五鳳冠，繒帶垂於雙肩。她的頭髮烏黑，眼睛明亮得耀眼。最引人注目的，是她手裏捧着的那隻大「眼睛」，那「眼睛」看起來也就比水盆小一圈，金光閃爍。畫像的邊緣，有一行字，寫着「眼光娘娘手捧金睛寶眼」。

原來她就是眼光娘娘！我驚喜地打量着畫像，讚歎着自己的好運氣。我小心翼翼地把畫像掛在牆上，雙手合十默唸着「不要近視，不戴眼鏡」的願望。

幾秒鐘以後，一陣奇怪的風從南薰殿裏穿堂而過，捲起了地上厚厚的灰塵。灰濛濛的塵霧裏，一個人從畫像裏「走」了出來。風停了，畫像裏眼光娘娘不見了，只剩下一把圈椅。而我面前卻多了一位老奶奶。

她是個很老、很老的小個子婦人，頭髮全白了，臉上的皺紋比乾裂的土地裂紋還多。除了一雙眼睛依舊閃亮，她與畫像裏的女神沒有任何相似的地方。如果不是親眼看到她從畫像裏走出來，我絕不會相信，她就是畫像裏的眼光娘娘。

她低頭對我微笑：「真好啊，我已經好久沒有看到孩子了。小女孩，新鮮的生命。」

「您能讓我的眼睛變好嗎？我不想近視。」我急切地說。

「當然可以，不過你要恭恭敬敬地拜我三次。」

眼光娘娘把圈椅從畫像裏「拽」了出來，就像是從書架上拿下一本書那麼簡單。她舒舒服服地坐在椅子上，靜靜地打量着我。說拜就拜！我在她面前認認真真地磕了三個頭。

眼光娘娘似乎很享受我的叩拜。她閉上眼睛，雙手交疊放在膝蓋上。這時候，奇妙的事情發生了。眼光娘娘的身體有了變化，她臉上灰色的皺紋漸漸變淡，頭上稀疏的

白髮漸漸變黑、變濃密。她的胳膊變得豐盈起來，原本佈滿老人斑的皮膚變得越來越紅潤。她變得越來越年輕。

眼光娘娘深深吸了口氣，慢慢地睜開了眼睛。此時，她已經變成一位年輕的女神，漆黑的秀髮挽在腦後，皮膚光滑、潔白，手指如水葱般白嫩，嘴脣紅潤，和畫像中的模樣分毫不差。「多久沒有這麼好的感覺了呢？差不多有一百年了吧。」她笑着說。那聲音已經不再嘶啞，而是變得明亮悅耳。

我能感受到她的喜悅，那喜悅讓整座破舊的宮殿都充滿光亮。眼光娘娘站了起來，輕盈地轉了一個小圈。「看，我又年輕了，變年輕了！」她低頭欣賞着自己的手和胳膊，興奮地說，「這多虧了你，是你讓我重新變年輕了！」

「我？」

「是的，你！」她稍稍平靜了一些，說，「神仙一旦失去了祭拜他的人，就會變得越來越渺小、衰弱。很多神仙就是因為故宮裏不再有人記得、祭拜他們而離開。我沒有離開，並不是因為不想，而是不知道這世界上還有幾個人記得我。和那些有名的神仙相比，我只是個不起眼的小神。但今天，你的祭拜讓我重新獲得了力量。謝謝你，李小雨。」

她把手放在我的肩膀上，望着我說：「你願意再待一會

兒，和我說說話嗎？我已經孤單了太久，久到都快忘記自己是神仙了。」

「但是我的眼睛……」

「這太簡單了！如果你能陪我聊天，我不但能讓你的眼睛好起來，還會送你一份禮物。」

禮物？我最喜歡禮物了。

我點頭答應：「好吧。不過，我們聊甚麼呢？」

「說甚麼都行！」她很高興，「你說甚麼我都願意聽。」

和女神仙聊天，這可不太容易。學校裏的事情估計她不會感興趣，而她感興趣的事情，我又不知道。

「這樣吧，我給你背首古詩吧！」我提議。

「沒有比這更好的了。」眼光娘娘笑了。於是，我開始背詩：「黃四娘家花滿蹊，千朵萬朵壓枝低……」

眼光娘娘認真地聽着。我一首接一首地背着學過的古詩，直到實在背不出來了才停下。

「可以了嗎？」我說，「時間太晚了，我要回去睡覺了。」

「好吧。」眼光娘娘眨了眨眼睛，振作精神，「看來我要送你禮物了。」

「甚麼禮物？」

「你很快就知道了。」她微微一笑，「現在，請你閉上

雙眼。」

我乖乖地閉上眼睛。我能感覺到她的手輕輕撫摸着我的額頭，一股熱氣在她的指尖流動，直接穿過我的額頭和眼睛，讓我感到一陣眩暈。

等我睜開眼睛時，眼前的一切都清晰無比。

「太棒了！我的眼睛又能看清楚了！」我高興地大叫，「眼光娘娘，您真厲害啊！」

眼光娘娘笑着說：「你還沒看到我給你的禮物呢。」說着，她把手裏那顆大「眼睛」舉到我面前。大「眼睛」如鏡子般照出我的模樣，這一看可不得了，我嚇得一下子跌倒在地上：「媽呀！」我的額頭中央怎麼多了一隻眼睛？

「不好看嗎？」眼光娘娘滿臉迷惑。

「好看？怎麼會好看？我變成怪物了！三隻眼的怪物！」我「哇」地哭出了聲。

「別哭啦！你根本不知道，這隻眼睛有多神奇。」眼光娘娘說，「它可以看透人的內心，知道別人心裏想甚麼。這可是連神仙們都很想得到的靈之眼！」

我抹了把眼淚，抽泣着：「它就是再好，我這個樣子也沒法見人啊。」

「別着急。」說着，眼光娘娘把我頭上的髮夾摘下來，讓劉海垂在額頭上，「看，這樣不就遮住了嗎？想知道別

人想甚麼的時候，只要偷偷把劉海掀開就成了。如果有一天，你不想要這隻眼睛了，只要輕輕唸一句咒語，它就會消失。但有一點你要記住，無論遇到甚麼事情，你都不能把這隻眼睛送給別人。你能保證嗎？」

「我保證。」我不再哭了，「那……讓這隻眼睛消失的咒語複雜嗎？」

「很簡單。」她輕輕在我耳邊唸了一句四個字的咒語，問道，「記住了嗎？」

「嗯。」我點點頭。告別眼光娘娘時，月亮已經升上了半空，金色的屋頂上灑滿了潔白的月光。

第三隻眼睛？真有意思，這樣我不就變得和二郎神一樣了嗎？看周圍沒人，我偷偷摸了摸那隻新眼睛，感覺和摸另兩隻眼睛沒有甚麼不同。它真的能看透人心嗎？如果這是真的，那動物的心，怪獸的心，它是不是也能看透呢？正這樣想着，就有一隻白色的野貓「啪嗒」一聲跳到了我面前。

「怎麼樣？眼光娘娘願意幫你嗎？喵——」原來是梨花。

「呼！你嚇了我一跳。」我捂着胸口說，「你一直在等我嗎？」

「喵——我來告訴你，我想要甚麼當作謝禮。比如，

最新出的蟹柳口味的貓罐頭，聽南三所的野貓們說味道很不錯；還有新出的那種貓零食也不錯，就是量少了點，不能吃飽……」

我吹了一下劉海，笑着說：「好了，別不承認，你是看我那麼久沒回到西三所，有些擔心，對不對？」

「不，我只是怕你送的謝禮不合我心意。喵——」梨花嘴硬地說。

「我已經知道你心裏在想甚麼了。你不用瞞着我。」我撩開劉海給她看，「眼光娘娘送我第三隻眼睛作禮物，所以我能看到你心裏在想甚麼。」

「喵！」梨花吃驚地尖叫一聲，「第三隻眼！靈之眼！眼光娘娘居然送你這麼貴重的禮物？」

「是啊，她挺喜歡我的。」我開始有點得意了。

「能把它送給我嗎？喵——」梨花舔了下鼻尖。

「你要它幹甚麼？」我嚇了一跳。

「喵——如果我擁有了第三隻眼睛，能知道大家都在想甚麼，就再也不擔心《故宮怪獸談》缺新聞了。」她興奮地說，「而且，我會變成一隻神貓，大家都會怕我、尊重我，再也不會有誰敢欺負我。」

「不行！我答應過眼光娘娘，不把它送給任何人！」

我緊張地挺直後背，加快腳步朝前走去。

眼光娘娘

「我不是人啊，我是一隻貓！你要它也沒甚麼用，還不如送給我。喵——」梨花不甘心地緊緊跟在我身後。

「不送，就是不送。」我頭也不回地說。

「無論是誰，都會想要你的第三隻眼的，喵——」她警告我說，「雖然你擁有了強大的能力，但你的麻煩也開始了。還不如送給我，免得惹禍上身。」

「我不會改變主意的！」我說，「你嚇唬我也沒用。」梨花跟了我一路，一直絮絮叨叨地勸我把靈之眼送給她。直到走進西三所，她看到我依然毫不動搖，才失望地離開了。

第三隻眼睛真好用！

我可以輕易看透別人的心思：老師剛邁進教室我就知道今天會不會做課堂測驗；同班男生的惡作劇能被我一眼看破；我再也不怕上課被老師提問，因為我能輕易地在老師心裏找出正確答案；去餵野貓的時候，我能立刻知道是不是有人已經餵過牠們；也一眼就能看出媽媽今天心情怎麼樣……總之，甚麼事情都別想瞞住我。

但是，梨花的話就像是預言。不過一天的時間，我擁有第三隻眼睛的事情，就在故宮裏傳開了。每當夜色降臨，總會有幾個來向我要眼睛的傢伙。他們中有動物、有精靈、有怪獸，甚至有神仙。有的精靈和神仙還提出拿很

寶貴的禮物來交換那隻眼睛，我都忍住沒有答應。

沒辦法啊，我答應過眼光娘娘的事情，總不能失信啊。

於是，更麻煩的事情發生了。

一天半夜，我睡得正香，卻感覺到頭上一陣瘙癢。我閉着眼睛，伸手去撓癢癢，卻無意中抓住了一條毛茸茸的腿！

我尖叫着從牀上跳了起來。等稍稍冷靜一點後，我才發現自己手裏居然一直抓着一隻黃鼠狼沒有鬆手。黃鼠狼頭朝下，已經被我甩得暈頭轉向。

我喘着粗氣問：「你……你是來偷眼睛的，對不對？」

「不，不……我就是來說聲晚安的。」黃鼠狼從我手裏掙脫出來。

「胡說！別忘了，我能看穿你的心思！」

「你可能、可能、可能是看錯了吧？」黃鼠狼結結巴巴地說。他一邊說，一邊往後退，然後一個轉身，飛快地撞開門逃跑了。

不能再這樣了！我抓住頭髮癱倒在牀上，這樣下去總有一天我會被嚇瘋的！雖然能看穿別人的心思讓我感覺很不錯，但是這樣擔驚受怕的日子我可過不下去。

於是，我輕輕唸出了眼光娘娘教我的四字咒語。瞬間，我的腦門上升騰起一陣熱流。等到熱流過去，我的第

三隻眼睛便消失了，額頭上的皮膚恢復得和從前一樣，一個小裂紋都沒留下。

　　真可惜啊，我歎了口氣。不過總算能睡個好覺了。

　　我躺在牀上，舒舒服服地睡了一夜，再也沒有誰來打擾我。不過等到第二天睡醒的時候，我愣住了——眼前的一切又變得模糊起來。咒語不但讓第三隻眼睛消失了，也把眼光娘娘給我施的其他魔法變沒了。我又開始近視了！

　　要不要再去找眼光娘娘呢？我想了又想，覺得還是讓媽媽帶我去配副近視眼鏡更簡單一些。

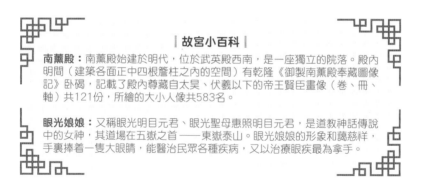

‖ 故宮小百科 ‖

南薰殿：南薰殿始建於明代，位於武英殿西南，是一座獨立的院落。殿內明間（建築各面正中四根簷柱之內的空間）有乾隆《御製南薰殿奉藏圖像記》卧碣，記載了殿內尊藏自太昊、伏羲以下的帝王賢臣畫像（卷、冊、軸）共121份，所繪的大小人像共583名。

眼光娘娘：又稱眼光明目元君、眼光聖母惠照明目元君，是道教神話傳說中的女神，其道場在五嶽之首——東嶽泰山。眼光娘娘的形象和藹慈祥，手裏捧着一隻大眼睛，能醫治民眾各種疾病，又以治療眼疾最為拿手。

10
我們被蜘蛛綁架了

楊永樂坐在珍寶館的大門前，他的手裏拿着一個盒子，滿頭是汗。我想不明白他為甚麼會流那麼多汗。夏天已經過去，入秋有一段時間了，天氣越來越冷。

「喂！你生病了嗎？」我走過去問。

他看到我後嚇了一大跳，眼睛睜得老大，還一個勁搖頭。我從來沒見過他這麼反常。

「怎麼了？」我關心地問，「到底出了甚麼事？」

可是，他依然不說話，只是拚命衝我擺手，一副要轟我走的樣子。

這時候，他手裏的盒子忽然有了動靜。盒蓋開始不停

地動來動去，向上頂起他的手指。

「別！別出來。」楊永樂捂住盒蓋。

但盒子好像不打算聽他的話。

盒蓋被頂開，一個圓圓的、閃亮的小腦袋冒出來，伸長脖子努力往外看。緊接着，他爬了出來。

那是一隻蜘蛛！

我倒吸了一口冷氣。雖然我很喜歡《夏綠蒂的網》這本書，尤其喜歡裏面的蜘蛛夏綠蒂，但是在現實生活中，對蜘蛛我無論如何也喜歡不起來。不但不喜歡，我還有點怕牠們。

不過，這隻蜘蛛看起來和一般蜘蛛不太一樣。他的身體通紅，如一顆巨大的紅寶石。腦袋和八條細細的腿是金色的，圓圓的眼睛卻如珍珠般呈奶白色。說實話，他算是一隻相當漂亮的大蜘蛛。但在我眼裏，他仍然讓我覺得緊張。

大蜘蛛上下打量了我一番，然後細聲細氣地和我打招呼：「你好！」

我瞪大眼睛看着他：「我不知道蜘蛛居然也會發聲。」

「是的，如果有需要的話。」大蜘蛛回答，「不過，我從不隨便和人打招呼，除非我認為他能和我成為朋友。」

楊永樂在一旁嚥了口唾沫，說：「別找小雨，明明故宮

裏有那麼多人可以找。」

「小雨？這是你的名字？」大蜘蛛沒搭理楊永樂，反而走近我，「看來你和楊永樂是朋友，但我不知道你的朋友為甚麼要攔着我。我能為你帶來好運氣。很久以前，皇宮裏的人們都叫我喜子。他們告訴我，我的樣子長得就像漢字裏的『喜』字，所以我一定能為他們帶來喜事。」

「是的，我經常看到古代妃子們的首飾裏面有蜘蛛的形象。」我點點頭。

「還有我的網。」大蜘蛛補充說，「他們認為看到我從蜘蛛網上沿着蛛絲滑下來，就意味着天降好運。如果我和朋友們聚在一起，就預示着會有大喜事。所以，你碰到我，就是要碰到喜事了！」

「真有意思！那我會碰到甚麼樣的喜事呢？」我好奇地問道。

大蜘蛛趴到我腳邊，擠了擠眼睛：「我能不能在你耳邊說？我想，你可能不希望其他人知道會發生甚麼。」

「當然……」我還沒說完，楊永樂就在旁邊無力地歎了口氣，但他甚麼也沒說。

大蜘蛛順着我的腳面往上爬，我不自在地動彈了一下。

「別怕，我只是隻昆蟲。」大蜘蛛盯着我說，「我比你們人類小多了，你用不着怕我。」

他順着我的腿一路爬到我的肩膀上，靠近我的耳朵說：「你要碰到的喜事就是，我要在這裏和你一起待一段時間了。我很喜歡你，你也會喜歡我。我是你的朋友，好朋友。你媽媽一定教過你，好朋友要互相幫助，所以，我也需要你的幫助。」

「我不太明白你的意思。」我有種不太好的預感。

「這段時間我會住在你這裏，成為你的私人教師，教你很多事情。作為回報，你要幫我的忙。就這麼簡單。」

一陣沉默。我不知道說甚麼好，心裏不覺得誰會喜歡多一位老師，況且還是隻大蜘蛛。

「你要待在哪兒？」我問。

「你身上。衣兜裏，褲兜裏，書包裏或者頭髮裏也可以。」大蜘蛛回答，「我不太挑剔這些。」

頭髮裏？我感到一陣噁心。雖然他是隻挺漂亮的大蜘蛛，但我也不想讓一隻蜘蛛躲在我的頭髮裏。

「我想還是算了吧。」我抖動了下肩膀，但沒能把大蜘蛛成功甩下來，「我不需要一位新老師。現在的老師們已經讓我忙不過來了。」

「哦，小雨，你還不明白嗎？」大蜘蛛笑了起來，「當我爬上你的肩膀，就不是你願意不願意的問題了。現在，你必須聽我的，我讓你幹甚麼，你就要幹甚麼。」

我真不喜歡他的口氣。

「我要走了！」我想抓住他，但被他狠狠地咬了下手指，我疼得倒吸了口冷氣，「啊！你在幹甚麼？」

「好吧，直說吧！」大蜘蛛尖細的聲音變得刺耳，「你被我綁架了！只要你乖乖聽話，我是不會傷害你的。所以，你不用害怕。當然，我也不希望你把我的事情告訴你的爸爸媽媽，我一直很討厭那些大人。我仍然是你的朋友。但如果你不聽話，就會比較麻煩。你應該聽說過蜘蛛體內是帶有毒素的吧？經過進化，我已經能控制自己體內的毒素。剛才咬你那下就是沒有毒素的，以後可就說不定了。所以，不要試圖抓住我，或者擺脫我。」

「可是，你為甚麼要綁架我？」我捂住手指，看向楊永樂。楊永樂也在看我。他的肩膀和頭頂上至少有三隻蜘蛛。牠們看起來很普通，像是平時經常見到的那種體形較大的蜘蛛。

「其實原因很簡單，我們只想從人類手裏拿到故宮的控制權。」大蜘蛛輕描淡寫地說，「雖然是大人們控制着這座宮殿裏的一切，但是他們身材太高大，讓我們蜘蛛很難接近他們，控制他們。孩子們就不同，和你們談交易會比較容易，所以⋯⋯」

「你們就綁架了我和楊永樂。」我總算明白楊永樂為甚

麼會不對勁了。

「我們本來不想用武力的。」大蜘蛛反駁說，「但你們倆都不願乖乖聽話，我們才不得不綁架你們。如果你們不聽話，我們就甚麼都做不成。故宮裏經常出現的孩子只有你們倆，所以你們是我們控制故宮的唯一希望。」

「我還是不明白，你們，一羣蜘蛛，為甚麼會想要控制故宮？」楊永樂不客氣地問。他站起來，走到我身邊，肩膀上的蜘蛛好像固定在那裏一樣，一動不動。

「誰不想要權力呢？在這點上，動物或者怪獸和人類沒甚麼區別。只不過我們一直在等待時機。」大蜘蛛回答，「我等了上百年，曾經有一次差點成功了……算了，不提它了。現在是最好的時機，《獸譜》封印被打開，故宮裏亂作一團。就算我們不出手，故宮的控制權也遲早會被《獸譜》裏那些怪獸奪走的。」

我瞪大了眼睛：「你怎麼知道《獸譜》封印的事情？」

大蜘蛛笑了，他笑了半天才停下來，說道：「我看見文文了，是他告訴我的。我和文文的關係還不錯。」

「你知道文文在哪兒？」楊永樂和我幾乎同時叫出聲。

大蜘蛛吃驚地看着我們：「你們對他感興趣？那太好了，如果你們幫我完成任務，我就告訴你們文文在哪兒。」

「你到底想讓我們做甚麼呢？」我很好奇。

「你們很快就會知道。」大蜘蛛看起來有點累了,「首先,你們應該知道我的名字,知道對方的名字是成為朋友的開始。你們肯定很想知道我的名字吧?」

我和楊永樂都沒說話。

「我的名字叫作『蛛大人』!」他說,「以後人類都會這麼稱呼我們蜘蛛的。」

「我以為你喜歡『喜子』那個名字⋯⋯」我喃喃地說。

「好了,我要休息了。在我不需要你們的時候,你們可以自由行動。但記住,保密!」

大蜘蛛的聲音漸漸小了,他鑽進我的頭髮裏不見了。楊永樂身上的三隻蜘蛛也鑽進了他的衣兜裏。

「那隻蜘蛛一定是瘋了。」過了好一陣,楊永樂才小聲對我說:「居然讓我們叫他『蛛大人』?虧他想得出來。」

「比這更瘋狂的是,我們倆居然被一羣蜘蛛綁架了。」我也壓低了聲音。

我們走進珍寶館。這裏的工作人員已經下班了,值班室的大門緊閉着,院子裏只剩下等待晚飯的野貓們。夕陽最後的餘暉照在屋頂上,宮殿裏空蕩蕩的,一片寂寞。我們坐到養性殿的台階上,商量着怎麼逃跑。

「趁他們睡覺的時候,把他們扔掉怎麼樣?」我提議。

「沒用的,我已經試過了。」楊永樂搖搖頭說,「蜘蛛

是很警覺的，我剛碰到他們，他們就會醒來咬我的手指。」

「你還活着真是幸運。」

楊永樂苦笑了一下：「他們好像一直沒用毒素，但被咬一下也挺疼的。」

「這些蜘蛛會不會根本就是無毒的？」我猜，「毒素的說法只是為了嚇唬我們？」

他低下頭：「也有可能，但是我不想冒這個險。」

「我也是。」我悶悶不樂地點頭，「可我也不想帶着隻蜘蛛走來走去，吃飯，甚至睡覺。」

「總會有辦法的。」楊永樂安慰我。

「甚麼辦法呢？」

他不說話了。我們兩個呆呆地坐在台階上，看着陽光漸漸從天邊消失。我們站起來，準備去食堂吃晚餐，一個聲音卻飄進了我的耳朵。

「等一會兒再去吃飯，我有事情要讓你去做。」是大蜘蛛的聲音。

我拉住楊永樂，朝他偷偷做了個鬼臉。

「甚麼事？」

「聽我說，吃晚飯前，我想讓你去長春宮後殿的益壽齋，你知道怎麼走吧？」

「是的，我知道那兒。」

「那裏面有個破木箱子，你幫我打開箱子，對裏面的蜘蛛說，『一切準備好了』。你能記住嗎？」

「有蜘蛛住在那裏？」我問。

「是的。」大蜘蛛有些緊張地說，「趁着天黑趕緊去吧，這件事很重要。」

我沒說話，大蜘蛛可能以為這代表我明白了，又鑽進了我的頭髮裏。

「我忽然覺得肚子沒有那麼餓了。」我對楊永樂說，並且重新坐到台階上。

楊永樂坐到我身邊問：「你會去嗎？」

「我不想去，但我會去的。」我沉重地說。被一隻蜘蛛操縱的感覺真糟糕。

楊永樂沒說話，他理解我的感受。我不想受傷，又想知道文文在哪兒，好趕緊把《獸譜》的封印問題解決。無論怎麼說，那都是我們倆闖下的禍。

「砰！」

我們誰都沒注意到，一個毛茸茸的傢伙猛地撲到我背上，一下子咬住了甚麼！我被嚇壞了，「噔」地站了起來，那傢伙「啪嗒」一聲，穩穩地跳回地面。

「啊！」我尖叫着，「發生了甚麼？」

「是黑點！」楊永樂大聲說，「看他捉住了甚麼？」

黑點是珍寶館裏最靈敏的野貓之一，他身材勻稱，四肢有力，白色的皮毛上有黑色的斑紋。此刻，淡淡的路燈燈光下，黑點的眼睛閃閃發亮，而他的嘴裏正緊緊叼着一隻紅色的大蜘蛛。

　　「天啊！你捉到『蛛大人』了！」我吃驚極了，「你太厲害了，黑點！」

　　不知道是不是聽到了動靜，楊永樂兜裏的三隻蜘蛛也鑽了出來，幾乎同時，兩隻野貓從黑暗中躥了出來，閃電般地把他們捉住並踩在了腳底下。燈光下，我看清楚了這兩隻野貓是大黃和小藍眼兒。

　　「這是怎麼回事？」楊永樂被嚇呆了。

　　「可算找到你了。」黑點把「蛛大人」踩在腳底下，「蛛大人」拚命揮舞着八條腿，黑點得意地說，「別掙扎了，沒用的，喵——自古以來，蜘蛛就逃不過貓的爪子。」

　　「你們在找『蛛大人』？」我問。

　　「是的，找一天了。珍寶館裏，因為他不見了，管理員們都亂成一團了。」黑點說，「你們沒看出來嗎？他是那枚金絲鑲珍珠寶石蛛網形別針上的蜘蛛，現在展館裏只剩下蜘蛛網了。」

　　「剩下這幾隻呢？」大黃問。

　　「你們看着辦吧。牠們只是普通蜘蛛。」黑點說，「不

過還要留點神，聽說那對金鑲珠石秋葉蜘蛛簪上的蜘蛛也不見了。不知道甚麼時候會出現。」

「我想你們可以去益壽齋看看，說不定會有線索。」我建議。幾乎同時，我聽到了大蜘蛛細細的呻吟聲。

「益壽齋？這是大蜘蛛告訴你的吧。」黑點更加用力地踩住「蛛大人」，「等我把他送回展櫃就去益壽齋。」

「他不會再跑掉吧？」楊永樂擔心地問。

「從珍寶館逃跑沒有那麼容易。這次都怪管理員疏忽，居然在換展品的時候，忘了鎖緊玻璃櫃門。」黑點說，「不過，好在這麼快就把他捉住了。」

「真不明白為甚麼故宮裏的蜘蛛們這麼喜歡惹麻煩！」小藍眼兒接過話說，「我奶奶說，她年輕的時候，蜘蛛們也曾經造反過一次。聽奶奶講，那次戰鬥真精彩，比我們這次艱難多了，不過野貓們取得了最終的勝利。」

「我也希望更激烈一點。」大黃說，「我剛剛喜歡上捉蜘蛛，戰鬥就要結束了。」

「別這麼輕敵。」黑點說，「別忘了，一會兒我們還要去益壽齋呢。我覺得我們得多叫上幾隻貓，萬一那裏有個蜘蛛窩，可別應付不來。」

「好，我去叫其他貓。」

「我也去。」

小藍眼兒和大黃踩死了腳下的蜘蛛，跳上紅牆離開了。

　　黑點重新叼起「蛛大人」——他現在已經像真正的胸針一樣一動不動了，朝我們點點頭就鑽進了養心殿。

　　我和楊永樂深吸一口氣，又高興又失望。高興的是我們終於擺脫蜘蛛的控制了，失望的是怪獸文文的下落無從得知了。不知甚麼時候，我們才能把《獸譜》重新封印。

│故宮小百科│

蜘蛛的寓意：我們現在看到蜘蛛大概都會覺得毛骨悚然，但在古人眼中，蜘蛛可是吉祥的象徵呢！因為蜘蛛的外形很像「喜」字，所以古人又叫蜘蛛「喜子」「喜蛛」，而蜘蛛沿着蜘蛛絲滑下來更是表示「喜從天降」。所以我們可以從古代的飾品珠寶中找到不少蜘蛛的身影，例如故事中提到的金絲鑲珍珠寶石蛛網形別針，它以粉色的碧璽為蜘蛛的身體，珍珠為眼睛，金絲為蛛網，設計十分討喜可愛。